基于AI-PHM的水轮发电机组数智检修

中国大唐集团有限公司
中国大唐集团科学技术研究总院　组编
大唐水电科学技术研究院

中国水利水电出版社
www.waterpub.com.cn
·北京·

内 容 提 要

本书介绍了水轮发电机组故障预测及健康管理的基础理论和工程应用，从体系构建、状态评估、故障诊断和故障预测等方面进行了详细阐述，丰富和发展了水轮发电机组数智检修的理论与方法体系，并进行了应用系统示范。本书共分为9章，展示了水轮发电机组故障预测及健康管理的方法体系、数据分析、状态评估、故障诊断、故障预测、检修决策、系统开发应用等方面的研究成果。

本书适合相关方向研究人员和工程技术人员参考借鉴，也可作为研究生掌握基础理论和培养创新能力的读物。

图书在版编目（CIP）数据

基于AI-PHM的水轮发电机组数智检修 / 中国大唐集团有限公司，中国大唐集团科学技术研究总院，大唐水电科学技术研究院组编. -- 北京 : 中国水利水电出版社，2024. 11. -- ISBN 978-7-5226-2848-6

Ⅰ. TM312.07

中国国家版本馆CIP数据核字第20248J0N70号

书　　名	**基于 AI－PHM 的水轮发电机组数智检修** JIYU AI－PHM DE SHUILUN FADIAN JIZU SHUZHI JIANXIU
作　　者	中国大唐集团有限公司 中国大唐集团科学技术研究总院　组编 大唐水电科学技术研究院
出版发行	中国水利水电出版社 （北京市海淀区玉渊潭南路1号D座　100038） 网址：www.waterpub.com.cn E－mail：sales@mwr.gov.cn 电话：（010）68545888（营销中心）
经　　售	北京科水图书销售有限公司 电话：（010）68545874、63202643 全国各地新华书店和相关出版物销售网点
排　　版	中国水利水电出版社微机排版中心
印　　刷	天津嘉恒印务有限公司
规　　格	184mm×260mm　16开本　9.75印张　191千字
版　　次	2024年11月第1版　2024年11月第1次印刷
定　　价	**68.00**元

凡购买我社图书，如有缺页、倒页、脱页的，本社营销中心负责调换

本书编委会

主　任　赵建军　李国华

委　员　周　霞　项建伟　刘玉成　邢百俊　潘定立
吴宝富　李　平　陈　龙　凌洪政　席丙俊
王海虹　孙红武　刘林元　宋立宇　彭　涛
杨　进　李　荣　刘守豹　张海库　高云鹏
高丹丹

主　编　耿清华　梁　川

参　编　王　春　何良超　隆元林　冯国柱　王　亮
邓玮琪　黄振宇　唐小勇　赵天亮　黄海平
魏步云　方　圆　陈永琦　曾恕嘉　李胜首
何　良　唐榆东　何传凯　李贵吉　陈　凯
叶喻萍　吴祖平　何有良　杨兴富　冯　磊
雷国强　俞荣厚　肖　汉　赵泓宇　王　昆
谢雄飞

前　言

随着我国提出“碳达峰”和“碳中和”的战略目标，水、风、光等清洁能源得到了进一步的发展。在清洁能源中，水电是最稳定的清洁能源，水轮发电机组在电网中将承担起越来越多的调频、调峰任务，这对水轮发电机组控制和机网协调方面提出了更高的要求，因此必须要有一套成熟的水轮发电机组故障预测和健康管理体系来满足上述要求的技术保障。基于经验和单一因素分析的传统状态评估、故障诊断已不能满足现在的需求。如何科学高效地做好水轮发电机组故障预测和健康管理，提供合理的检修策略，是新形势下水力发电企业亟待解决的热点。因此，本书针对水轮发电机组故障预测和健康管理中重要的实际问题，引入故障预测及健康管理（prognostics and health management，PHM）理论体系并结合人工智能（artificial intelligence，AI）算法，构建基于人工智能的水轮发电机组 AI－PHM（artificial intelligence prognostics and health management）结构体系，设计水轮发电机组健康状态评估体系及评价指标，深入探究基于故障模式、影响及危害性分析（failure mode，effects and criticality analysis，FMECA）融合劣化度的状态评估方法，建立基于贝叶斯网络的水轮发电机组故障诊断及预测模型，以提高故障的诊断与预测的准确性。与此同时，通过采用基于测试数据的诊断分析方法，发现水力因素引起水轮发电机组有功波动的现象，进而提出基于消涡技术的功率波动抑制方法。最后结合上述研究成功开发出基于全息监测的水轮发电机组 AI－PHM 应用系统，并得到实证应用。

本书以构建水轮发电机组 AI－PHM 体系为框架，从体系搭建、状态评估、故障诊断和故障预测等方面开展量化分析及应用实践，并结合智能算法，实现水轮发电机组的数智诊断。本书共分 9 章。第 1 章简要介绍 PHM 的概念、研究现状以及水轮发电机组 PHM 的意义和关键技术；第 2 章简述 PHM 的结构型式、结构设计，根据水轮发电机组的结构特点，设计了水轮发电机组的 PHM 结构体系；第 3 章讲解 PHM 系统的数据采集方法、数据清洗方法和数据分析技术；第 4 章对水轮发电机组健康状态评估方法进行介绍，提出基于 FMECA－劣化度的水轮发电机组健康状态评价技术，并开展实例应用验证；第 5 章对支持向量机、神经网络等常见的故障数智诊断算法进行介绍，并基于贝叶斯网络方法和基于测试数据方法开展故障诊断实例应用；第6章介绍水轮发电机组常见故障预测方法，并以水导轴承故障预测为实例开展计算分析；第7章介绍检修决策理论，并以水轮发电机组状态评估和检修决策为例进行实例应用分析；第8章对AI-PHM系统的整体架构和实现功能及其在大中型水轮发电机组数智诊断与检修中的具体应用进行系统阐述；第9章重点介绍AI-PHM技术的研究总结和发展趋势。

本书既可作为水利水电及其相关学科大学本科和研究生的参考教材，也适合从事水利水电工程技术人员、管理人员以及其他相关领域希望了解水利水电工程的人员参考阅读。

本书参阅了国内外大量著作与文献资料，在此对各位专家学者表示由衷的感谢。

限于编者的水平，不妥与错误在所难免，敬请广大读者批评指正。

编者

2024年7月

目　录

第1章 绪 论

在我国践行“碳达峰”和“碳中和”的战略目标的大背景下，水、风、光等清洁能源得到了大力发展。在上述清洁能源中，风电、光伏受外界自然条件影响较大，稳定性受限。而具有大型水库的水力发电是其中最稳定的清洁能源形式，将在电网中承担越来越多的调频、调峰任务，这对水轮发电机组控制和机网协调方面提出了更高的要求。随着科学技术和制造水平的不断提升，水轮发电机组结构及其辅助设备系统日趋复杂，系统的智能化程度也不断提高。同时，由于复杂系统构成环节影响因素的增加，发生故障和功能失效的概率逐渐加大。一旦设备突发故障，则会严重影响正常安全生产，甚至破坏电网的稳定性。因此，为了科学开展检修，减少设备故障引发的安全性后果，水轮发电机组的健康管理问题是发电企业关注的焦点。

基于水轮发电机组可靠性、安全性和经济性考虑，故障预测和健康管理（prognostics and health management，PHM）技术获得越来越多的重视和应用。PHM 的概念和技术最早出现在军用装备中，在航天、航空和船舶等领域获得应用，随着 PHM 技术的不断发展和演进，目前在水力发电领域也逐渐得到了重视。PHM 技术是先进的测试技术、诊断技术与设备检修管理理论相结合的产物，借助故障预测与健康管理系统来识别和管理故障的发生，做出科学的检修决策。

基于 PHM 技术的数智诊断，是将设备运行状态参数大数据与人工智能深入融合，提高状态参数大数据的效用，同时将人的管理智慧植入其中，实现从“人工”到“智能”的提升，最终实现“数字智慧化”和“智慧数字化”的升级，旨在将人从复杂的分析推理中解放出来，同时提高设备的可靠性、安全性和经济性，真正实现基于状态的检修。

1.1 PHM 的概念和内涵

1.1.1 PHM 的基本概念

PHM 技术是指利用各类先进传感器实时监测设备运行的各类状态参数及特征信

号，借助各种智能推理算法和模型，结合历史履历信息，来评估设备的健康状态，在其故障发生前对故障进行预测，并提供一系列的检修决策和实施计划，以实现设备的状态检修。

一般来说，PHM 技术包含了数据采集、数据分析、状态评估、故障诊断、故障预测和检修决策等健康管理的全过程环节。

PHM 代表了方法和检修策略的转变，实现了从基于实时数据的传统诊断方法向基于智能系统的数智预测方法的转变，从而为在准确的时间，对准确的部位进行准确而主动的检修活动提供了技术基础。综合当前的研究成果，PHM 系统的主要功能有：

（1）数据采集：通过先进传感器，感知被监设备的特征参数。

（2）数据分析：对采集的数据进行数据清洗、特征提取和模型计算等。

（3）状态评估：通过历史数据和实时数据，判断设备所处的健康状态。

（4）故障诊断：根据已发生的故障情况，通过监测数据和历史数据分析，明确故障原因。

（5）故障预测：预测能力是 PHM 区别于其他诊断系统的一个最重要的特征，根据对设备当前状态的描述，预测故障将发生的概率以及发生的时间等，使得设备管理与检修人员可以预知故障的发生，从而采取一系列主动检修或预防的措施。

（6）检修决策：根据 PHM 系统相关状态评估、故障预测信息，提供检修策略建议。

1.1.2 PHM 技术的基本内涵

PHM 技术最早是由美国军方提出的，它实现了从设备状态监测到健康管理思想的转变，其本质内涵主要体现在：

（1）PHM 技术是一项新的检修保障技术。PHM 技术是一种包含了数据采集、数据分析、状态评估、故障诊断和故障预测等的健康管理技术，它的引入是为了了解设备的健康状态，预测故障可能发生的概率和时间点，从而使技术人员提前采取主动性检修措施，避免故障的发生或扩大，达到科学检修的目的。

（2）PHM 技术代表了检修思想的转变。PHM 技术实现了从基于监测实时数据的传统诊断方法到基于智能系统的故障预测方法，使检修由被动式行为转变为主动性活动，极大地促进了状态检修的落地。

（3）PHM 系统是对设备在线监测系统的拓展。PHM 系统采用开放式系统结果，利用先进传感器的集成，借助各种智能算法和智能模型来进行预测、监控和管理设备的健康状态，是对设备在线监测技术的进一步拓展。

（4）PHM 系统是实现设备状态检修的重要途径。PHM 系统具有数据采集、数据分析、状态评估、故障诊断、故障预测和检修决策等功能，能够实时掌握设备的工作状态和健康状态，有效提高设备的安全性和可靠性，有效推动设备检修模式由计划检修向状态检修转变。

1.2 PHM 技术的发展和现状

1.2.1 PHM 技术的发展现状

PHM 技术是在传统的状态在线监测和故障诊断基础上发展起来的，也是伴随着检修理论的发展而逐渐成熟。检修理论的发展，主要经历了事后检修、计划检修和状态检修三个重要的阶段。事后检修，顾名思义，是事故发生后才进行检修，这种检修模式具有很强的被动性，是不可取的。计划检修是目前的主流检修模式，是以时间为标准的定期检修。实际上，计划检修是预防性检修的一种，它能防止一些由于疲劳破坏而导致的故障，但这种预防性检修并不能实现检修项目的精准定位，故计划检修可能会导致过修或欠修。状态检修是指根据先进的状态监测和诊断技术提供的设备状态信息，判断设备的异常，预知设备的故障，并根据预知的故障信息合理安排检修项目和周期的检修方式，即根据设备的健康状态来安排检修计划，实施设备检修。近年来，设备的智慧检修成为了业内研究的热点，智慧检修将人工智能与状态检修深度融合，是状态检修的高级形式。

PHM 技术的起源可以追溯到 20 世纪 60 年代。当时世界各国都在开展航空航天技术研究，太空极端的环境和条件，导致了人类对故障和异常事件的被动反应不再适用。为了寻求对故障或异常事件的主动预防，人们开始开展可靠性理论、环境试验和系统试验的研究。

到了 20 世纪 70 年代，随着人类在太空活动的不断深入和装备的快速发展，宇航系统的复杂性日益增加，由于设计不充分、制造误差、检修不及时和突发异常事件等各种原因，导致装备故障率不断增加，迫使人们创造出新的方法来监视系统状态，预防异常事件的发生，从而出现了故障诊断技术，并最终诞生了故障预测方法。

到了 20 世纪 80—90 年代，在设备检修管理领域出现了健康管理的概念。随着人们对设备管理理论研究的深入，形成了早期的全面质量管理，即一种基于过程的可靠性改进方法。同时，软件行业出现了对装备进行参数监测的系统。美国航空航天局（National Aeronautics and Space Administration，NASA）开发出了“飞行器健康监控系统”（air vehicle health monitoring system，VHM），用于监测飞行器的各项参数。随着人们对健康监控研究的深入，认为应该对人-机系统进行监控，并且仅仅做到监控远远不够，因此提出了“健康管理”的概念。

到了 20 世纪 90 年代末，故障预测及健康管理（PHM）技术，随着美国军方重大项目 F－35 联合攻击机（JSF）项目的启动诞生了。PHM 是 JSF 项目实现经济性、可靠性和安全性目标的关键，PHM 系统是飞行器状态监控技术的拓展，是从状态监控到健康管理的转变。PHM 系统能从整个系统角度来识别和管理故障的发生，实现了科学检修的目的。

进入 21 世纪，PHM 技术的发展过程可分为故障诊断、故障预测和系统集成三个阶段。

1.2.1.1　故障诊断阶段

故障诊断，就是利用被诊断系统的各种状态信息和已有的各种知识，进行信息的综合处理，对已经发生的故障进行分析，最终得到系统故障原因的过程。故障诊断是伴随着测试技术的发展而发展起来的，主要有以下阶段：

（1）人工测试与人工诊断阶段。由于早期的装备系统功能单一、结构简单，通常是由彼此独立的模拟系统构成，所用的测试方法以人工测试为主，并依靠检修测试人员的经验和水平进行装备系统的故障诊断。

（2）离线测试与人工诊断阶段。随着装备系统功能的增加和结构的复杂化，此时所用的测试方法以离线测试为主，即通过将测试设备和被测对象连接起来获取被测设备的状态信息，然后由测试人员依据状态信息进行故障诊断。

（3）实时在线监测和综合诊断阶段。随着计算机、自动化等技术在装备中的使用，实时在线监测系统广泛得到了应用，该系统能够实时监测装备的运行状态。但由于监测参数不全、误报警概率高，导致故障诊断更加复杂，于是提出了综合诊断的概念，即通过在线监测系统的数据，结合人工测试、历史资料和技术人员经验等开展的综合诊断。

（4）数智诊断阶段。随着人工智能高速发展，各种优秀的智能算法层出不穷，实时在线监测和综合诊断与人工智能深度融合，诞生了数智诊断方法。数智诊断将传统的诊断方法与人工智能深度融合，具有自学习、自寻优、自判断的功能，解决了监测参数不全、误报警概率高的问题。

1.2.1.2　故障预测阶段

故障预测是比故障诊断更高级的检修保障模式，是以当前装备的使用状态为起点，结合已知预测对象的结构特性参数、环境条件及运行历史，对装备未来任何时间段内可能出现的故障进行预报、分析和判断，确定故障性质、类别、程度、原因及部位，指出故障发展趋势及后果，向用户及时提出警告。

故障预测技术是伴随着预测技术的发展而发展起来的。故障预测技术的发展可分为以下阶段：

（1）基于概率论的故障预测。随着概率和数理统计方法的不断成熟和大量统计数据的获得，基于历史统计数据的概率和数理统计方法最早应用于故障预测，主要有时间序列预测法、主观概率预测法、回归预测法等。这种基于概率论的故障预测方法，由于只考虑几种单一因素，统计出来的结果往往准确度不高，主要原因有：①数据变化规律只能假设符合单一分布规律，而实际的装备在整个寿命周期内的变化规律不是单一的；②故障的影响因素多，而且数据来源及数据的不准确，对于多种因素或多种条件同时变化的情况无法预测；③认为变化趋势不变，即统计出来的变化趋势被认为是后续变化趋势，实际上后续变化趋势是可能会改变的。

（2）基于解析模型的故障预测。在故障预测中的推理求解是以数学模型为基础的：首先通过建立精确的数学模型；然后用算法对模型进行描述；再将算法映射成计算机语言；最后计算机按指定路径运行来得到故障预测结果。基于解析模型的故障预测技术具有能够深入对象系统本质的性质和实现实时故障预测的优点，并且对象系统的故障特征通常与模型参数紧密联系。随着对装备故障演化机理理解的逐步深入，模型可以被逐渐修正来提高其预测精度，但在实际工程应用时，通常要求对象系统的数学模型具有较高的精度。而对于复杂的装备往往难以建立精确的数学模型，故基于解析模型的故障预测技术的实际应用范围和效果受到一定的限制。

（3）基于知识的故障预测。基于知识的故障预测方法，不需要对象系统的精确数学模型，最典型的应用形式是专家系统和模糊逻辑。专家系统被用来在线监测和评估工业设备的工作和健康状况，能实时生成关于设备故障的信息，预报将来的一段时间内可能产生的故障的相关情况，但专家系统存在知识获取的瓶颈问题：一是由于专家知识有一定的局限性；二是规则化表述专家知识有相当大的难度。瓶颈问题造成了专家系统知识库的不完备，表现为当遇到一个没有相关规则与之对应的新故障现象时，系统显得无能为力。模糊逻辑在故障预测中的应用形式往往是与其他技术相结合，如基于动态模糊评判与专家系统推理相结合的故障预测方法、融合案例与规则推理的故障预测专家系统等。模糊预测系统的最大特点是其模糊规则库可以直接利用专家知识构造，因而能够充分利用和有效处理专家的语言知识和经验，而且一个经过适当设计的模糊逻辑系统，可以在任意精度上逼近某个给定的非线性函数。但由于模糊预测系统中的静态知识库无法反映装备零部件的失效过程，使得故障预测系统的知识表达不具有时间参数，没有实时控制的特性，从而削弱了该方法的实用性。

（4）基于人工智能的故障预测。人工智能是面向对象技术及计算机科学相互融合的产物，现在已发展成为一种流行的产品设计与系统集成的工程方法论。人工智能技术为故障预测提供了一种新的计算和问题求解规范，将基于解析模型的故障预测和基于知识的故障预测归于统一的并行推理框架中。这主要是由于基于人工智能的系统能够提供分布并行处理的方法，放松了对集中式规划和顺序控制的限制，提供了分解控制、冲突控制和并行控制。

1.2.1.3　系统集成阶段

随着 PHM 技术的发展和 PHM 系统的开发应用，现代 PHM 系统的设计人员正面临一个新的挑战，就是要开发真正能够处理现实不确定性问题的诊断和预测方法。针对不确定性问题，当前 PHM 技术的发展体现在以系统集成应用为途径，提高故障诊断和预测的精度。关于 PHM 系统的集成应用，主要涉及以下内容：

（1）如何运用并行工程的原则，使 PHM 系统框架设计与被监控设备的结构设计同步进行。

（2）针对不确定性问题，如何做到定量描述。

（3）针对对象数据获取困难，如何开展有效的仿真验证系统，并综合运用实际工作状态数据，进行定量性能评价与验证。

（4）针对故障预测准确度的不确定性，如何进行风险—收益分析，实现科学检修决策。

关于提高故障诊断与预测精度，主要涉及以下内容：

（1）研究混合故障预测算法及智能数据融合技术，加强经验数据与故障样本数据的积累，提高诊断与预测准确度。

（2）研究先进传感器技术，提高源数据的准确性。

综上所述，PHM 技术经过近 70 年的发展，已经从单一因素的可靠性分析发展成为综合系统的健康管理技术，其技术发展路线图如图 1-1 所示。

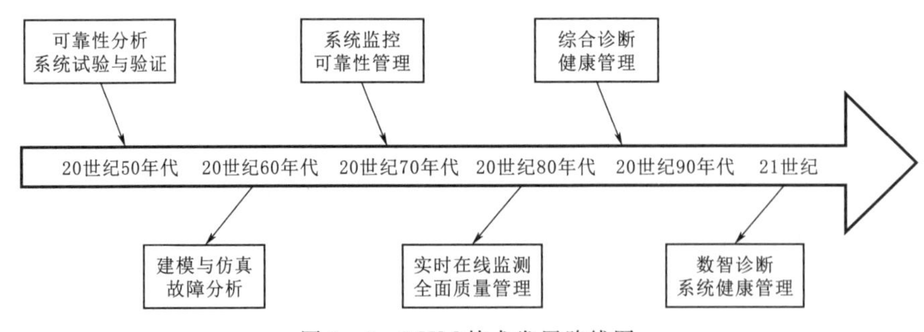

图 1-1　PHM 技术发展路线图

1.2.2　PHM 技术的应用研究现状

1.2.2.1　国外应用研究现状

近年来，PHM 技术受到各国军方和工业界的广泛关注，各方都在积极采取各种方式加速这种军民两用技术的开发和利用。英国、美国和加拿大等研制的各类飞机系统中，均采用了 PHM 技术。

在民用技术领域，PHM 技术在飞机、船舶、汽车、复杂建筑、桥梁和核电站等重要系统和工程设施的监控和健康管理中得到广泛应用，其中 PHM 技术在民用航空领域的应用尤其突出。比如波音公司研发的飞机 PHM 系统，已在多家航空公司的客运飞机和货运飞机上得到了广泛应用。由美国 ARINC 公司与 NASA 兰利研究中心共同开发的与 PHM 类似的“飞机状态分析与管理系统”，也获得了广泛的应用。

近年来，有关 PHM 技术的学术研究和应用研究非常活跃。很多国际知名企业也都开展了 PHM 理论、技术、软件或应用解决方案等方面的研究。美国的马里兰大学、佐治亚理工学院、田纳西大学、斯坦福大学和麻省理工学院等相关学术机构都开展了各具特色的 PHM 技术研究工作。马里兰大学所属的先进生命周期工程中心成立了故障预测与健康管理联合会，深入开展了电子 PHM 技术方面的研究，并为多家知名企业、研究院所以及各军兵种提供培训与技术解决方案。美国辛辛那提大学等多所高校依托美国自然科学基金共建的智能维护系统中心（Center for Intelligent Maintenance Systems，IMS）中心在机械系统等领域推广了多项 PHM 应用。NASA 举办了首届国际宇航综合系统健康工程和管理论坛，将其作为一门新的学科推出，同时开展了多方面技术的研究和应用。

1.2.2.2 国内应用研究现状

国内在故障诊断、预测和健康管理方面也开展了较为广泛的研究工作，研究需求和对象主要集中在航空航天、船舶等复杂高技术装备领域，研究主体以高校和研究院所居多，主要研究内容集中于体系结构和关键技术研究、智能诊断和预测算法研究以及测试性和诊断性研究等。但是总体的应用研究规模和水平仍然相对落后，各机构的研究能力和水平参差不齐，行业或技术领域专业研究组织薄弱。

从工业部门和复杂装备使用者的角度来看，我国现在对综合故障诊断预测和健康管理技术的需求十分明确且迫切。尤其在新一代的航空航天器、电动汽车、新能源等领域，均将 PHM 相关技术作为重要的支撑之一。但是由于理论研究和应用研究缺乏有效的衔接，应用需求没有能够得到系统而明确的分析和引导。虽然近年来也出现了一些基础研究成果，但是由于缺乏良好的研究管理机制，研究体系分散，欠缺统一高效的协调机制，造成了理论和应用脱节，基础研究缺乏背景支撑和实验验证等致命的缺陷。可以说国内对于 PHM 技术的研究目前正处于起步和探索阶段。

20 世纪 90 年代初，随着航天飞行器技术的快速发展，航天器系统结构越来越复杂，信息化程度也越来越高，对航天器可靠性的要求也越来越高，为解决航天器计划检修成本高、资源浪费问题，美国在航空器状态监测中开始采用 PHM 技术。

PHM 系统的功能强大，除了可以实现数据的分析测试及故障诊断外，还可实现状态评估和故障预测，并且可以基于数据库，给出检修建议。PHM 系统的数据主要靠各种传感器采集，借助贝叶斯网络等算法来评估和预测航空器的健康状态。

随着 PHM 技术的不断进步，“健康管理（health management）”的理念在航天、军事、船舶等各个领域都得到了体现，也变得越来越重要。在全球任务保障中，陆军的车辆可靠性是关键，美军为陆军车辆开发了在线监测系统，实时监测车辆的状态参数，实现实时状态评估和诊断，发现潜在的问题可以及时得到解决，保障了陆军车辆的可靠性。实践证明，应用了 PHM 技术的军事装备，其检修成本大幅降低，运行可靠性大幅提高。

近十年来，我国对重大装备的 PHM 技术开展了一些研究，取得了阶段性的成果，但在工程应用方面与国外还有一定的差距。北京航空航天大学的学者开展了 PHM 技术方面的研究，对 PHM 技术原理、系统结构、智能算法以及航空器系统健康管理和故障预测进行了探究。马宁等设计了基于 PHM 技术的航空器健康管理系统，着重对 PHM 系统的结构和功能进行了研究，并提出了对 PHM 系统的评价方法。陈俊洵在滚动轴承健康管理中采用了 EEMD 的特征提取和 MTS 基本原理相融合的理论，研究了滚动轴承的健康状态，取得了一定的成绩，但算法对一般机械设备是否适用还需要进一步研究。时旺、孙宇锋等基于模糊综合评判方法研究了航空器相关部件的健康评估模型，探讨了基于失效模式和影响分析的 PHM 系统实现方法。赵兵、夏良华等在设备健康管理技术方面开展了大量研究，提出的设备健康管理系统具有软性组织的特点，并且能实现状态评估和故障诊断预测的功能。许丽佳、王厚军等对小波技术、线性辨别分析方法、隐马尔可夫模型、灰色预测模型、粒子群算法进行了融合研究，开展了电子设备的 PHM 系统研究。顾伟、章卫国等提出了 PHM 系统研究的新思路，开展了基于参数辨识方法的典型特征量分析，探究了基于指数平滑方法的状态评估和故障预测。袁志坚、孙才新等研究了灰色聚类理论，并将该理论应用到变压器的状态评估中，结果表明，该方法对检修决策具有一定的指导意义。董玉亮等对多状态特征融合的 PHM 技术进行了探讨，并将该方法应用到水泵的健康状态评估中，提出了评价水泵健康状态的量化指标。郭阳明、蔡小斌等对 PHM 技术的产生、发展、改进和应用进行了梳理，阐述了 PHM 技术的优点和不足，探讨了基于人机协调的故障诊断认知模型，分析了 PHM 技术定量评价和验证方法。

最近几年，为了更好地开展军工、高铁、飞机和电站等的设备管理工作，我国对状态检修也开展了一系列的实践尝试。武汉钢铁公司将设备状态监测系统 Entek XM 引入到炼钢设备的健康状态管理中，实现了炼钢设备关键部件振动的实时监测和趋势预警。另外，北京交通大学、重庆大学、哈尔滨工业大学、浙江大学等均对相关状态检修系统进行了研发，开发了诸如“旋转机械故障诊断系统”等产品。

近几年，国内各大水电企业都在积极探索水轮发电机组健康管理体系及方法，联合高校及高新企业开展了水轮发电机组故障诊断智能算法方面的研究，也开发了一些应用系统。

国家能源集团大渡河公司联合相关企业开展了智慧检修方面的研究，提出智慧检修是以“同步监控、动态分析、智能诊断、自主决策”为目标，聚焦设备状态参数大数据挖掘，实时评价设备健康状态、预警预判设备运行风险，智能决策设备检修方案，自我配置“人、机、料、法、环”等生产要素，实现计划检修向状态检修的转变。其还开发了智慧检修中心，如图 1-2 所示，该中心从管理创新方向入手，实现未来检修领域的新型管理模式，其管理模式将充分适应智慧电厂、智慧调度等其他水电领域的智慧管理，全面融合流程、制度、体系、机器、人员和系统等管理要素，建立新型柔性管理组织。

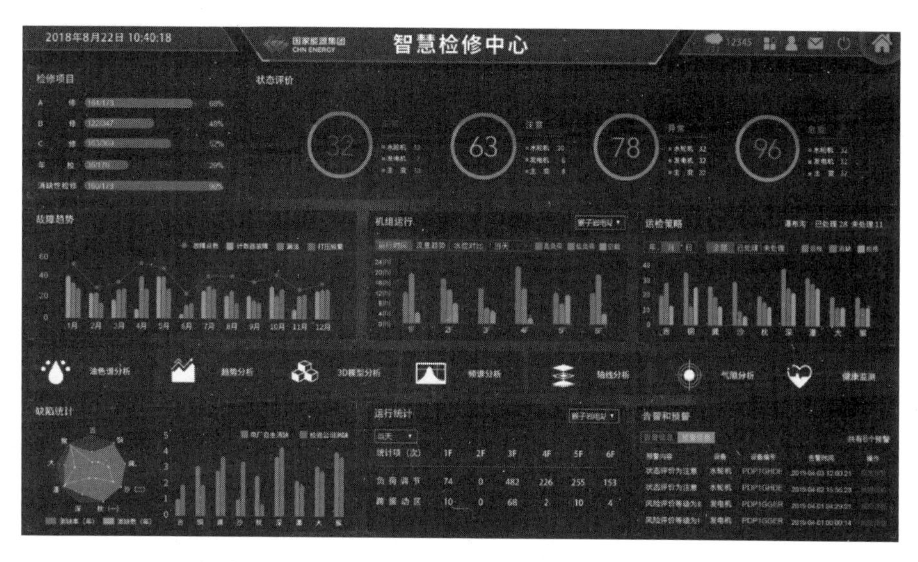

图 1-2　国家能源集团大渡河公司智慧检修中心

华能澜沧江水电股份有限公司联合各个单位开发了设备状态智能监测分析评价系统，评价系统如图 1-3 所示。该系统主要开发了摆度/振动分析评价模型、主轴状态分析评价模型、空气间隙分析评价模型、定子圆度分析评价模型、转子圆度分析评价模型、瓦温分析评价模型、定子线圈温度分析评价模型和齿压板温度分析评价模型等 8 个模型，对上述指标进行分析评估。该系统在华能澜沧江水电股份有限公司内部得到了一定程度的应用。

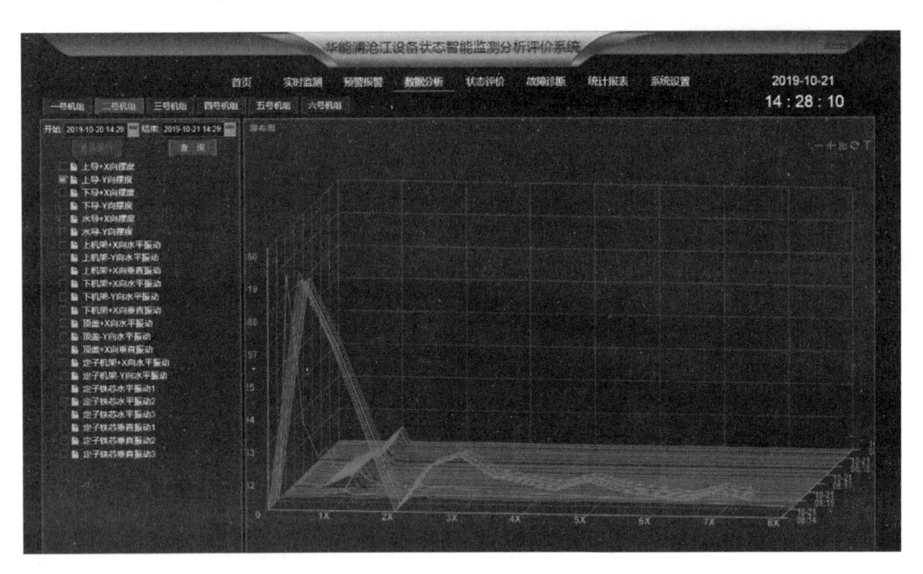

图 1-3　华能澜沧江水电股份有限公司设备状态智能监测分析评价系统

1.3　水轮发电机组实施 PHM 的背景及意义

1.3.1　实施背景

水力发电是技术成熟、运行灵活的清洁低碳发电形式，是实现我国“碳达峰”“碳中和”目标的重要途径。绝大多数水电站需要修筑大坝，形成的水利枢纽工程可以起到防汛、供水、通航、土地灌溉等作用，可以带来巨大的经济、社会、生态效益。2020 年水能资源相关数据统计见表 1-1。

表 1-1　2020 年水能资源相关数据统计

项　目	数　据	项　目	数　据
中国水能可开发容量	6.6 亿 kW	中国水电年发电量	10000 亿 kW·h
中国水能年发电量	30000 亿 kW·h	世界水电装机容量	10 亿 kW
中国水电装机容量	3 亿 kW	世界水电年发电量	40000 亿 kW·h

由表 1-1 可知，目前我国水电发电量每年约 10000 亿 kW·h，相当于节省标准煤 4 亿 t，减排二氧化碳 10 亿 t。随着单机容量 100 万 kW 的白鹤滩水电站投产，我国水电工程技术已跃居世界首位。在勘察、设计、施工、加工制造、运行管理和检修等方面实现了水电站全寿命周期的管理。我国水力发电技术已走出国门，在巴基斯坦、苏丹等多个国家开展了水电规划和建设，推动了世界水电的发展。

截止到 2020 年，世界上水电的总开发程度为 26%，其中欧洲的水电开发程度最高，为 54%；北美洲次之，水电开发程度为 39%；南美洲和亚洲水电开发取得了一定进展，开发程度分别为 26%和 20%；非洲尚有 91%的水电资源未得到开发。发达国家水电开发程度都比较高，世界水电开发程度如图 1-4 所示。

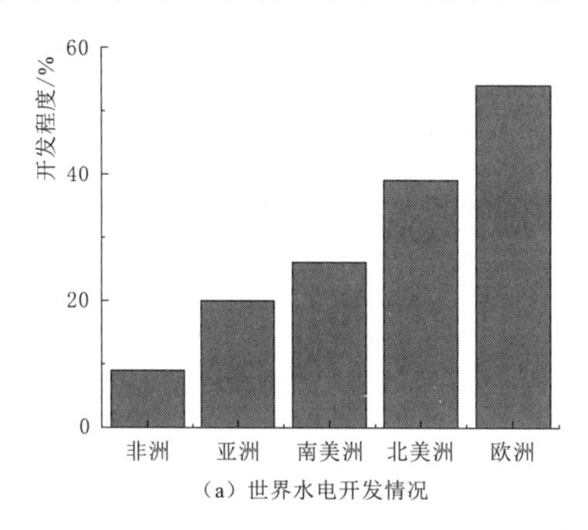

（a）世界水电开发情况

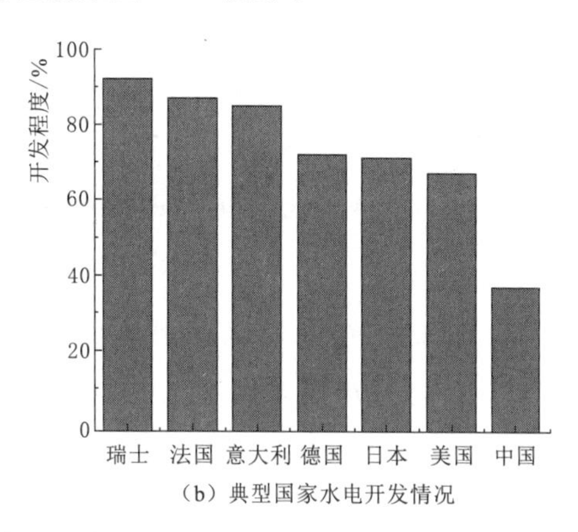

（b）典型国家水电开发情况

图 1-4 世界水电开发程度

从统计数据可以看出，除了美国水电开发程度为 67%之外，日本和德国的水电开发程度超过 70%，法国和意大利的水电开发程度接近 90%，瑞士水电开发程度最高，达 92%。我国水电开发取得了卓有成效的成绩，尤其是最近 10 年，我国水电开发程度由之前的不足 10%增长到 37%，并且随着"碳达峰""碳中和"国家战略的提出，我国水电开发又一次迎来新高潮。

随着华中、西南等区域电网的异步联网运行，电网结构越来越复杂；2021 年 6 月，世界单机容量最大的水电站——白鹤滩水电站首台 1000MW 机组投产发电，标志着水电机组容量又上了一个新高度。电网结构复杂、机组单机容量大，给水轮发电机组的设计、制造、控制、检修以及稳定性、可靠性、安全性等方面带来了更高的挑战。水轮发电机组投产发电后，对设备开展的主要工作就是运行和检修，合理科学的检修可以保障机组安全稳定运行，检修在设备的全寿命周期管理中占有重要的地位。做好水轮发电机组的故障预测和健康管理，是实现科学检修的前提，是保障机组安全、可靠、稳定运行的重要研究课题。

目前，事故维修和计划检修是水电行业的普遍做法，但是上述两种检修模式都有不足之处。事故维修，顾名思义，是事故发生后才去维修，是一种事后行为，具有被动性；计划检修是根据时间周期，事先做好检修计划，按部就班地去开展检修工作。计划检修具有一定的主动性，但是一些运行状态较好的设备也根据运行时间安排了检修项目，本可以不需检修的设备却开展了检修，势必会造成人力、物力、财力的浪费，甚至可能因为检修工艺的问题，出现"修坏"的情况。

状态检修（condition based maintenance，CBM）是一种根据设备的运行状态开展检修的模式。状态检修的基础是设备运行情况的数据监测，根据监测的数据开展设备健康状态分析评价，给出检修决策建议。实际上，状态检修是优化的计划检修，是根据状态评价结果制定检修项目和检修时间。状态检修是一种用数据说话的、科学的检修模式，可以真正做到“应修才修”，使检修成本最小化和发电效益最大化。虽然目前做了大量的工作，国内还没有水电站将状态检修真正全面落地，由于水轮发电机组结构复杂，并不是所有部件均能实现状态监测，各部件状态之间的相互影响关系还没有研究透彻，一些故障机理还不明确，还有很多科学问题有待进一步研究。

与此同时，水轮发电机组单机容量不断增大，白鹤滩水电站单机容量达到 1000MW，向家坝水电站单机容量达到 800MW，溪洛渡水电站单机容量达到 750MW，三峡水电站、龙滩水电站、小湾水电站和拉西瓦水电站单机容量均达到 700MW。随着机组容量的不断增大，水轮发电机组结构变得越来越复杂，各部件在运行过程中的耦合效应也日趋复杂，运行过程中某个部件出现故障，就可能引发整个机组运行不可靠，造成巨大的经济损失，甚至引发灾难性的后果。如：2009 年 8 月 17 日，俄罗斯萨扬-舒申斯克水电站发生特大事故，该电站水轮发电机组状态监测量不够，没有对机组开展健康诊断分析，又没有经常性的维护和检修，最终顶盖螺栓疲劳破坏导致水轮机冲出机坑，导致水淹厂房，造成了 75 人死亡 13 人失踪，所有发电机组均被淹损坏，直接经济损失 130 亿美元。由此可见，随着水轮发电机组运行时间的增长，设备的健康状态也在不断劣化，水轮发电机组安全稳定运行问题日益凸显。因此，为了确保水轮发电机组在服役过程中安全稳定运行，研究水轮发电机组故障预测及健康管理，对水电站的运行管理和保障电网安全具有重要的理论意义和工程应用价值。

通常 PHM 技术利用各种传感器在线监测、定期巡检和离线检测相结合的方法，广泛获取设备状态信息，借助各种智能推理算法来评估设备本身的健康状态；在系统发生故障之前，结合历史工况信息、故障信息、运行信息等多种信息资源对其故障进行预测，并提供检修策略及实施计划等以实现状态检修。然而，在水轮发电机组健康管理领域，尚未有一套成熟的理论体系。直到近几年，中国水利水电科学研究院、华中科技大学等科研单位开展了一些水轮发电机组故障诊断方面的研究，取得了阶段性的成果，但基本还处于对单一的振动信号进行分析的阶段，还未形成水轮发电机组健康管理体系。因此，本书将 PHM 技术引入水轮发电机组健康管理领域，结合人工智能算法，构建水轮发电机组 PHM 体系，围绕水轮发电机组的状态评估、故障诊断及预测的若干关键科学问题和技术难点开展研究，旨在为我国水轮发电机组健康管理领域提供一定的技术支撑，助力状态检修在水力发电行业的全面落地。

1.3.2 实施意义

智能传感器、故障诊断和设备管理方法论相互融合，产生了 PHM 技术。PHM 技术可以实现设备的数据监测与采集、数据分析与处理以及给出检修建议，主动性地做到“应修才修”，最大限度降低检修成本，提高设备的安全性和可靠性，借助 PHM 技术，可以实现真正的“状态检修”。

智能传感器是 PHM 技术的“五官”，用来感知设备运行的相关参数，进行边缘计算，并与其他参数开展相关性分析，通过智能算法来判定设备的健康状态。目前，航空器、船舶和车辆系统在设计阶段，会同步开展其 PHM 系统的设计，PHM 系统已经成为航空器、船舶和车辆行业中不可缺少的一部分。PHM 系统是上述行业智能化转型的显著标志。

PHM 技术在航空航天、船舶等领域有了一定的研究，而在水轮发电机组健康状态管理方面还没有研究的先例。开展基于 PHM 技术的水轮发电机组健康数智诊断和故障预测研究，将先进技术引入到相对传统的水电行业，有助于状态检修在水电行业的落地，对水轮发电机组的运行和检修具有重大意义。

(1) 揭示水轮发电机组常见故障孕育规律。水-机-电多场耦合特性和非稳定性是水轮发电机组故障的显著特性，多数情况下技术人员无法预知故障即将发生，也无法直接检测到故障征兆数据。故障发生后，技术人员对故障原因的分析也只能全凭经验和相关数据，而每个人的经验和对现象的认识都不同，具有较大的主观性和局限性。故障发生后，技术人员无法精准确定故障的具体原因，一般将可能的原因全部分析一遍，继而进行全方位的排查，这种情况，势必会停机，对电站的经济效益带来损失。

PHM 技术通过采用各种先进智能传感器，测量、采集机组工作状态，通过特征值提取和智能算法对机组的健康状态进行数智诊断，对典型故障的特性和孕育规律进行揭示，在故障发生之前给出相应预防措施。

(2) 提升水轮发电机组设备管理水平。目前，随着白鹤滩、乌东德等巨型水电站的投产发电，我国水电站设备技术水平已位居世界前列，对水轮发电机组设备管理水平也提出了更高的要求，“状态检修”已经成为水力发电企业不可避开的课题。例如世界最大的水电站三峡电站，机组台数 32 台，如果按照计划检修模式，每年至少将有 5 台机组 A 修，将是不可能完成的任务。目前，水力发电企业最重视的莫过于检修的合理性和机组的安全稳定运行。设备的安全稳定运行、检修合理高效、企业经济效益好是水力发电企业追求的目标。PHM 技术在航空航天、船舶等领域已有应用，实践证明该技术是先进的、科学的设备管理方法，研究 PHM 技术在水轮发电机组领域的应用具有重要的工程应用价值和广阔的应用前景。

（3）创造巨大的经济效益和社会效益。水轮发电机组健康状态应能够实时监控和掌握，这样才能做到提前预知故障的发生，保障机组的安全可靠运行，因此做好水轮发电机组的健康管理工作不管是经济效益还是社会效益，都异常显著。随着监测手段的发展，可以被监测到的机组数据信息量越来越大，全靠技术人员对这些数据进行分析和判断是不可能的，这就需要计算机系统来代替技术人员实现这一目的。这就迫切地需要深入研究 PHM 技术，一方面，PHM 技术可以进行健康状态的数智诊断，通过对监测数据信息的分析，对机组健康状态进行评估，确定机组的健康状态；另一方面，PHM 技术可以实现故障预测，根据健康样本库和故障样本库数据的对比和趋势分析，预测故障可能出现的时间点，从而给出合理的检修时间和检修项目。

1.4　PHM 关键技术

在 PHM 系统设计、开发和使用过程中涉及的主要关键技术有结构设计技术、数据采集技术、数据处理技术、健康状态评估技术、故障诊断技术、故障预测技术和检修决策技术等。

1.4.1　结构设计技术

系统结构是指一个系统的基本组织，表现为系统组件与组件之间的相互关系，组件与环境之间的相互关系。它描述系统结构的实体及其特性，决定系统结构组成部分之间的关系。系统结构设计是构建 PHM 系统的基础，良好的系统结构可以降低 PHM 设计和开发的复杂度，便于系统各项功能的良好发挥。常用的 PHM 系统结构有基于逻辑分层的系统结构、基于模型推理的系统结构和基于区域管理器的系统结构三种形式。它们具有相似的设计思想，主要区别在于针对不同领域，其具体应用技术和方法不同。

1.4.2　数据采集技术

要对一个复杂系统进行状态分析，先要确定可以表征其状态参数的指标，或可以间接推理判断系统状态所需要的参数信息。这是 PHM 系统发挥作用的数据基础，而这些源数据需要通过传感器技术的应用获得，因此传感器技术的应用将直接影响 PHM 系统的效果。该部分技术应用主要考虑选择被监测的参数、选用传感器的类型、安装位置和精度等。

目前，在水轮发电机组 PHM 系统中用到的传感器类型主要有两种：一种是按传感器输出量性质来划分，可分为加速度、速度、位移、温度、压力传感器等；另一种是按传感器变换原理来划分，可分为电阻式、电感式、电容式、磁电式、压电式、光电式、热电式等。

传感器的品种繁多，同一物理量可用多种不同类型传感器进行测量，而同一种传感器也可测量不同物理量。传感器选择不当导致测试失败的例子屡见不鲜，因此了解传感器的性能对合理选择传感器十分必要。衡量传感器的性能指标有静态特性和动态响应特性两个方面。静态特性是指传感器在输入量处于稳定状态时的输入输出关系，主要包括灵敏度、线性度、重复性和精度；动态响应特性是指传感器对随时间变化的输入量的响应特性，它决定了被测量的频率范围必须在允许频率范围内保持不失真的测量条件。一般来说，传感器的合理选择要从静态特性、动态响应特性、测量方式、使用条件和安装方式等方面综合考虑。

1.4.3 数据处理技术

PHM 系统获取所需的各种数据后，需要对数据进行相应的处理，以得到有用的信息，为后续的状态评估和故障预测提供可靠的数据支持。数据处理技术主要包括数据预处理技术、特征提取技术和数据挖掘技术等。

数据预处理通常包括数据模式转换处理、数据去噪处理、数据滤波处理、数据压缩处理和数据自相关处理等。特征提取的目的是进行故障识别和故障隔离，其数据处理过程是对初始模式向量进行维数压缩，去掉初始模式中的噪声和冗余信息，融合来自各个信道的故障信息，强化和提出故障特征。

特征提取主要涉及信息预处理、状态信息表征及特征向量的有效性检验等技术。

数据挖掘就是从数据库中抽取隐含的、以前未知的具有潜在应用价值信息的过程。用于系统数据挖掘的信息源主要是各种传感器采集的数据，在对数据进行预处理的基础上，利用各种算法挖掘其隐藏的信息，并利用可视化和知识表达技术，向系统用户展示所挖掘出的相关知识。常用的数据挖掘方法包括粗糙集理论、遗传算法和支持向量机等。

1.4.4 健康状态评估技术

设备健康状态评估主要是根据传感器测量的数据、人工测量的数据、历史数据等进行分析，综合考虑装备的使用、环境和维修等因素的影响，利用各种评估算法对设备的健康状态进行评估，明确设备健康状态的一种技术。目前，常见的健康状态评估方法主要有以下几种：

1．基于FMECA的健康状态评估

故障模式、影响和危害性分析（failure mode，effects and criticality analysis，FMECA）方法通过对设备每一约定层次的故障模式、原因及其影响分析并建立各个约定层次之间的迭代关系，可得到设备由正常状态发展为故障状态的各系统、各层次的影响因素，因此可利用FMECA结果进行设备健康状态评估。该评估方法首先从FMECA报告的分析结果中提取健康状态的影响因素，并进行归一化处理；然后根据影响因素的类型，由健康状态隶属度函数得到健康状态隶属度向量，最后可对单因素影响下的健康状态等级作出判断。

2．基于劣化度的健康状态评估

基于劣化度的状态评估首先计算设备状态偏离了良好状态向极限技术状态发展的程度，即劣化度，然后构建部件级的劣化度模糊判断矩阵，进行设备级的状态评估计算，最后按照最大隶属度原则确定设备的健康状态等级。

3．基于智能算法的健康状态评估

近年来，随着大数据技术的飞速发展，各种智能算法层出不穷，为设备的状态评估提供了更多的选择。基于智能算法的状态评估，是以大数据为基础，通过智能算法对大数据的处理，得出设备健康状态的方法。目前，智能算法较多，在设备状态评估中应用较多的有BP神经网络（back-propagation，BP）分类法、主成分分析（principle component analysis，PCA）分类法、遗传（genetic algorithm，GA）分类法、支持向量机（support vector machine，SVM）分类法等以及多种智能算法的融合方法。

综合来看，可以用来开展状态评估的智能算法较多，且各有优势和不足，近年来，智能算法的研究也较多，但大多数都只是采用实验数据进行模型训练，尚未真正应用到实践当中。水轮发电机组故障样本数据量少，智能算法得不到有效的训练，制约了智能算法在水轮发电机组状态评估的实践应用。

1.4.5 故障诊断技术

近年来，随着流式数据处理技术、人工智能等交叉学科的发展，国内外学者提出了众多行之有效的故障智能诊断方法，并取得了很好的应用效果。综合来看，水轮发电机组故障诊断方法一般可归纳为三类，包括基于测试数据的故障诊断方法、基于经验知识的故障诊断方法和基于数据驱动的故障诊断方法。

1.4.5.1 基于测试数据的故障诊断方法

基于测试数据的故障诊断方法是各种诊断方法的基础和前提。基于测试数据的故障诊断方法可以测信号的特征值，如幅值、相位和频率等，常用的分析方法主要有时域分析法、频域分析法等。

（1）时域分析法。时域波形图是传感器信号经放大、滤波、数模变换等处理后，根据离散数据做出的信号幅值随时间变化的图形。波形图是状态监测中最基础的数据，监测特征值的幅值、变化周期等情况都可以在波形图中得到体现。用波形图分析旋转机械不平衡力导致的振动最为有效，当旋转机械的振动主要是因为不平衡力导致的情况下，不平衡力的频率表现为与转频高度一致，或是转频的整数倍。

（2）频域分析法。通过频谱图可以看出信号中的频率成分和各频率对应的幅值，并发现异常频率成分。通过分析频率和能量分布以及特征频率，可初步判断机组是否发生故障。频谱分析包括幅值谱分析、相位谱分析和功率谱分析。

1.4.5.2 基于经验知识的故障诊断方法

基于经验知识的故障诊断方法是将专业知识通过语义和框架的方式进行表达，故障的诊断则通过推理进行，基于经验知识的故障诊断方法主要有故障树分析法和专家系统法。

（1）故障树分析法。故障树分析法是故障诊断技术中的一种有效方法。它是一种将系统故障形成原因由总体至部件按树枝状逐级细化分析的方法。在分析过程中，针对某个特定的不希望事件进行演绎推理分析，基于故障的层次特性，其故障成因和后果的关系往往具有很多层次，并形成一连串的因果链，加之一因多果或一果多因的情况，就构成了“树”。一般把最不希望发生的系统故障状态作为系统故障识别和估计的目标。这个最不希望发生的系统故障事件称为顶事件。然后在一定的环境和工作条件下，由上至下找出导致顶事件的直接成因，并作为第二级，再找出导致第二级故障事件的直接成因，作为第三级，如此下去，一直到不能再深究的事件是基本事件。这些基本事件被称为底事件，介于顶事件和底事件之间的一切事件，称为中间事件。用相应的符号代表顶事件、中间事件、底事件，并用适当的逻辑门自上而下逐级连接起这些事件所构成的逻辑图，被称为故障树。故障树分析法，实质上是一种由果到因的演绎分析方法。

（2）专家系统法。专家系统是一种设计用来对人类专家的问题求解能力建模的计算机程序。专家系统是一个具有大量的专业知识与经验的程序系统。它应用人工智能和计算机技术，根据某一个或者多个专家提供的知识和经验，进行推理和判断，模拟专家的决策过程，以便解决那些需要专家才能解决处理的复杂问题。它在理论和工程上都应用广泛。专家系统中要模拟专家的两个特点：专家的知识和推理。要实现这一点，专家系统必须有两个主要模块，即知识库和推理机。水轮发电机组专

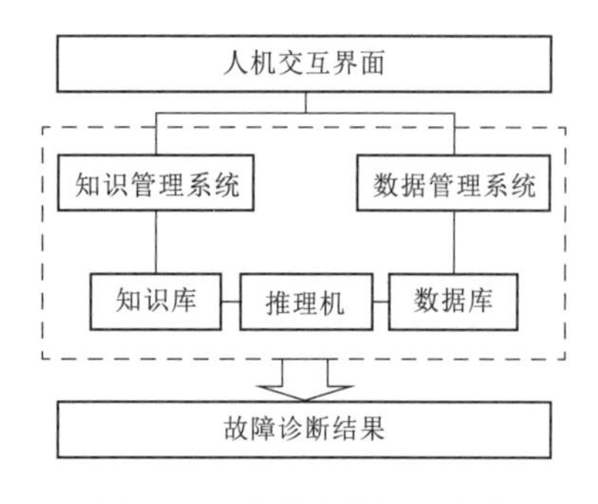

图 1-5　水轮发电机组专家库系统结构图

家库系统结构图如图 1-5 所示。

1.4.5.3　基于数据驱动的故障诊断方法

基于数据驱动的故障诊断方法是利用大数据技术，对机组运行数据进行建模和智能算法计算分析，将设备状态进行分析和分类，最终得到机组可能出现的故障。目前研究较多的智能算法主要有人工神经网络、人工免疫系统、混合模型等。

(1) 人工神经网络。人工神经网络（artificial neural network，ANN）是理论化的人脑神经网络的数学模型，是基于模拟人脑神经网络结构和功能的一种信息处理系统。它是由大量简单元件相互连接成的复杂网络，可以进行复杂逻辑操作和非线性计算。人工神经网络主要包括学习与诊断两个过程。神经网络是一种具备自适应、可训练、容错、可联想记忆和大规模并计算能力的机器学习方法。当前，神经网络技术已成为旋转机械故障诊断领域的研究热点。

(2) 人工免疫系统。人工免疫系统（artificial immune system，AIS）是 20 世纪 90 年代提出的一种故障诊断算法。它模拟人体免疫机理，以状态征兆为抗原，各种故障模式下的故障检测器作为抗体，通过反向选择机制判别正常与否，利用克隆选择原理进化学习获得能识别抗原结构的记忆抗体，根据最大故障隶属度诊断故障类型。基于人工免疫系统的故障诊断流程图如图 1-6 所示。

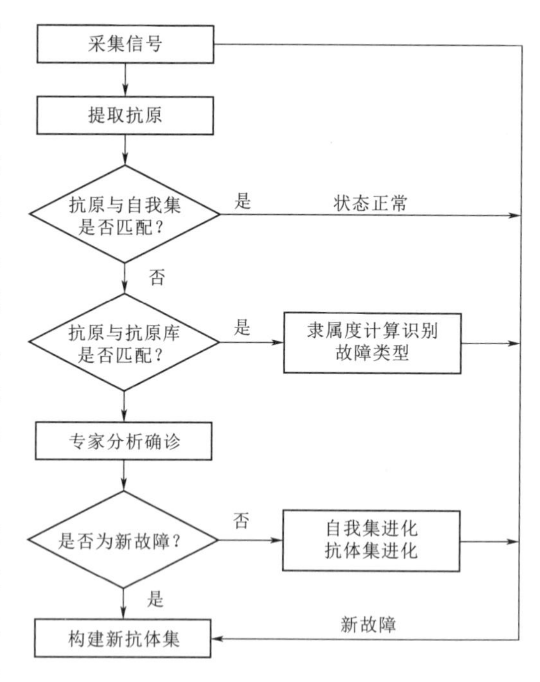

图 1-6　基于人工免疫系统的故障诊断流程图

(3) 混合模型。近年来，随着大数据的高速发展，智能算法的研究掀起了一个新高潮。人工神经网络、支持向量机、人工免疫原理、遗传算法和粒子群算法等在故障诊断方面都得到了广泛的研究和应用。但是面对水轮发电机组系统的复杂性和故障样本较少导致单一算法诊断准确性不高的问题，近年来，许多学者针对水轮发电机组的特定故障，开展了应用多种智能算法融合的诊断方法研究，取得了一定的阶段性成果。

1.4.6 故障预测技术

PHM系统显著的特征是故障预测能力，故障预测是指综合利用各种数据信息，如监测参数、使用状况、当前环境、工作条件、早先试验数据和历史经验等，并借助各种推理技术如数学物理模型及人工智能算法等评估部件或系统的剩余使用寿命，预计其将来的健康状态。故障预测技术直接影响PHM系统的性能和装备的使用效率。可用于PHM系统故障预测的方法多种多样，可以从不同的角度进行分类。

按采集的信息源不同，可分为基于故障状态信息的故障预测、基于异常现象信息的故障预测、基于使用环境信息的故障预测和基于损伤标尺的故障预测等。

按采用的数学方法不同，可分为基于概率分布的故障预测、基于信息融合的故障预测、基于模糊理论的故障预测、基于灰色理论的故障预测、基于神经网络的故障预测和基于专家系统的故障预测等。

按采用的模型不同，可分为基于特征进化模型的故障预测、基于故障物理模型的故障预测和基于累积损伤模型的故障预测等。

按故障预测的内容不同，可分为故障发生概率预测、故障发展趋势预测、故障发生时间预测和剩余使用寿命预测等。

1.4.7 检修决策技术

检修决策技术是指根据装备的健康状态和检修条件进行装备检修方式和检修类型等决策的技术。检修决策是装备PHM系统的重要功能，是降低检修费用、缩短检修时间、提高检修效率的关键。其主要包含检修项目决策、检修时机预测和检修间隔决策等。常用的检修决策方法有模糊多属性决策法、比例风险模型法和实时可靠性评估法等。

问题与思考

1. PHM技术的概念和内涵是什么?
2. 水轮发电机组开展PHM技术研究的背景和意义是什么?
3. PHM的关键技术有哪些?
4. PHM技术与状态检修的区别和联系是什么?

第2章 PHM方法体系及设计

PHM技术在军队、航空、船舶等重大装备中得到了快速的发展和应用。然而，在水轮发电机组健康管理领域，虽然在故障诊断方面做了一些研究，但尚未有一套成熟的理论体系。针对上述问题，本章将PHM技术引入水轮发电机组健康管理领域，阐述PHM的基本原理和设计方法，为系统研究水轮发电机组健康管理奠定理论基础。

2.1 PHM结构型式与选择

2.1.1 结构型式与特征

PHM技术的实现一般是通过搭建PHM系统实现的。PHM系统结构是组件与组件之间的相互关系、组件与环境之间的相互关系以及设计和进化的原理，是PHM系统的基本组织，它描述PHM系统体系结构的实体及其特性，决定PHM系统体系结构组成部分之间的关系。PHM系统结构设计技术是PHM系统需求分析与PHM系统设计实现之间的桥梁，是构建PHM系统的基础和关键，良好的系统结构可降低PHM系统设计、开发的复杂程度，便于系统各项功能的良好发挥。

PHM系统结构是对其构成要素及其相互关系的描述，其不仅影响PHM自身的复杂性，而且决定其功能特性和行为特征。一般地，装备PHM系统的结构型式取决于装备的组成结构和功能关系，因此，不同类型的装备应该具有不同的结构型式。从信息处理方式的角度，可将装备PHM系统的体系结构归结为三种类型，即集中式体系结构、分布式体系结构和分层融合式体系结构。

2.1.1.1 集中式体系结构

集中式体系结构是指PHM系统信息处理的核心是一个集信息收集、信息变换、信息处理、信息解释和信息应用于一体的中央故障管理控制器或处理器。集中式PHM体系结构如图2-1所示。

集中式结构 PHM 系统的工作过程：接收装备各模块和部件的监测传感器信息，中央故障管理控制器对接收到的监测信息进行格式转换和融合处理，利用故障模型进行各部件的健康状态评估和故障预测，最后给出维修决策建议。

集中式结构 PHM 系统的特点是结构简单，信息传递过程清晰，中央故障管理控制器功能强大，但系统的执行效率低，一般只能用于小型的简单系统。当装备的组成结构复杂且模块部件数量多时，集中式结构的 PHM 体系将出现一些问题：一是随着装备系统检测部件与信号数量的急剧增加，监测信号的收集、分类和解释将变得十分复杂；二是随着装备复杂性的增加，PHM 系统的执行效率将相应地降低；三是随着装备系统部件的层次增多，PHM 系统的分层融合、健康评估和故障预测难度将增大。

2.1.1.2　分布式体系结构

分布式体系结构是指装备的各个系统独立完成信息收集、信息变换、信息处理、信息解释和故障检测等任务，并将各个系统的状态信息结果传递给集控显示系统。分布式 PHM 体系结构如图 2-2 所示。

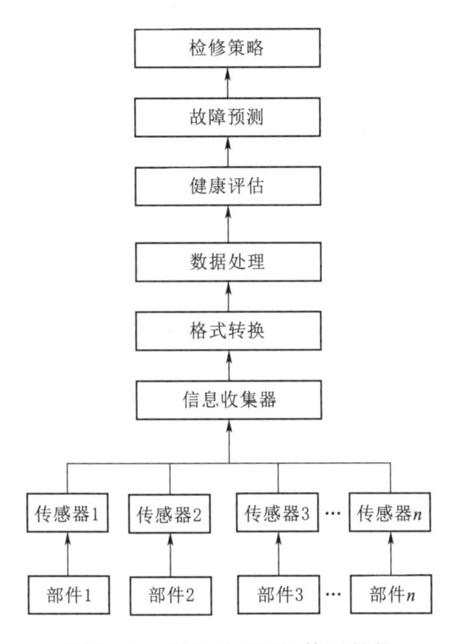

图 2-1　集中式 PHM 体系结构

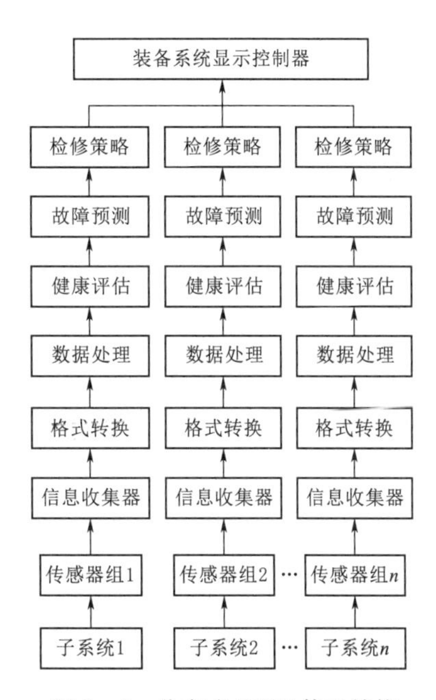

图 2-2　分布式 PHM 体系结构

分布式体系结构的 PHM 系统工作过程是：各个系统故障管控控制器接收相应各模块和部件的监测传感器信息，子系统故障管理控制器对接收到的监测信息进行格式转换和融合处理，利用故障模型进行各部件的健康评估和故障预测，通过综合来得到子系统的健康状态并给出维修决策建议，同时将子系统的健康状态信息传递给集控显示系统。

分布式结构的特点是在子系统上实现健康状态信息的获取、处理、再生与决策，因此可以有效提高故障管理的执行效率。但是由于各个子系统的测试结果相对孤立，无法有效利用健康信息之间的关联关系综合判断故障原因，系统诊断的可信度有待提高。

2.1.1.3　分层融合式体系结构

分层融合式体系结构是集中式和分布式体系结构的一种综合，兼有集中式和分布式体系结构的优点，在设计时对每个子系统在可能的较低级别时，考虑 PHM 能力和集成融合问题，即在较低的层次上，各个子系统收集、解释用于本子系统状态评估的所有信号，然后在较高的层次上将诊断/预测结果集中交由综合故障管理控制器进行记录和决策，典型的分层融合式 PHM 体系结构如图 2－3 所示。

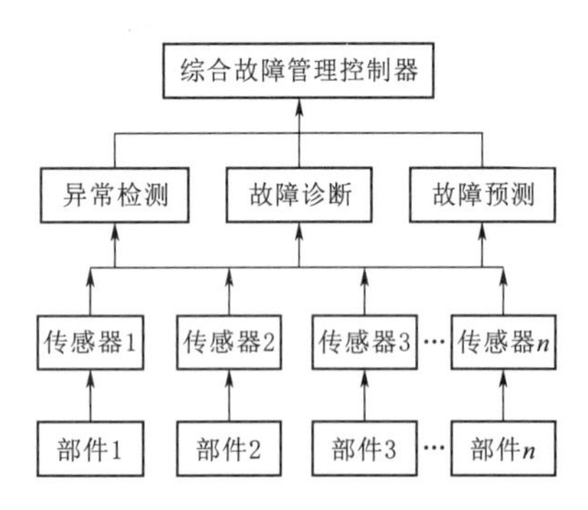

图 2－3　典型的分层融合式 PHM 体系结构

分层融合式 PHM 体系结构的工作过程是，首先各个子系统故障管理控制器接收相应各个模块和部件的监测传感器信息，子系统故障管理控制器对接收到的监测信息进行格式转换和融合处理，在模型库和数据库的支持下进行部件和子系统的健康评估和故障预测，然后将子系统的健康状态信息传送给综合故障管理控制器进行综合处理，最后形成维修决策信息。

分层融合式 PHM 体系结构的特点是，采用分层次进行融合，PHM 系统的逻辑结构清晰，能够在各层次更加全面地利用冗余信息，从而能有效降低系统的虚报警概率，特别适用于结构复杂和产品约定层次多的装备系统。

虽然三种形式的 PHM 系统结构在组成工作过程上有所差别，但其设计思想是相似的，均具有以下特征：

(1) 层次性。无论是哪种结构型式的 PHM 系统，均具有层次性特征，最底层是监测对象层，中间层是传感器层，再就是故障管控控制层。三种结构之间的主要差别是故障管理控制层数以及故障管理控制器的数量不同。对于复杂装备的 PHM 系统，采用分层设计方法能够显著降低 PHM 系统设计与开发的复杂程度。

(2) 开放性。PHM 系统的实现需要集成大量的、来自不同供应商的软件、硬件及部件，这就要求 PHM 系统应是一个开放的系统结构。而模块化设计是开发系统的基础，利用标准的和开放的结构规范综合各个功能部件，来形成模块化系统。

(3) 实时性。PHM 系统要求实时监测装备系统的状态，并根据健康退化信息执行控制策略，对关键部件进行剩余使用寿命评估，通过链路实时传送给各级维修保障机构。

2.1.2 结构型式的选择

2.1.2.1 影响因素

一般来讲，影响PHM系统结构型式选择的因素主要包括：PHM系统的应用目的、装备系统的结构特点、PHM系统的实现技术和PHM系统的使用环境等。

1. PHM系统的应用目的

应用PHM系统的目的主要是完成对装备系统、子系统、部件的工作状态进行实时监控，并进行健康状态评估、故障预测和维修决策，最终实现基于状态的维修。但由于不同类似装备的使用要求不同，其应用PHM系统的目的也不同，如对于要求持续工作的装备，应用PHM系统的主要目的是状态实时监测，避免故障的发生；对于要求断续工作的装备，应用PHM系统的主要目的是故障预测，以便于选择最佳的维修时机；对于一次性工作的装备，应用PHM系统的主要目的是状态评估，以便于判断其是否可用。因此需要针对装备的使用要求和PHM系统的应用目的来选择相应的PHM系统的结构型式。

2. 装备系统的结构特点

PHM系统结构型式的选择不仅与PHM系统的应用目的有关，而且还取决于设备系统的结构和特点。对于小型的、结构简单的设备系统，由于设备约定层次少，关键部件数量少，需要监测的对象少，可选择集中式体系结构的PHM系统；对于大型的且结构简单的设备系统，由于设备约定层次少，关键部件数量多，需要监测的对象多，可选择分布式体系结构的PHM系统；对于大型的且结构复杂的设备系统，由于设备约定层次多、关键部件数量多和需要监测的对象多，可选择分布融合式体系结构的PHM系统。

3. PHM系统的实现技术

不同结构型式的PHM系统对技术要求也不相同，技术要求的高低顺序是分布融合式结构、分布式结构和集中式结构。因此，在选择PHM系统结构型式时，在满足应用目标和设备特点的前提下，尽量选择技术成熟度高、经济性好，且对软件硬件要求低的结构型式。

4. PHM系统的使用环境

由于PHM系统是利用嵌入或增加传感器来对设备系统进行状态监测，很显然PHM系统的使用会受到环境的限制，主要包括空间限制、质量限制、温度限制、湿度限制、振动限制和转动限制等，因此在选择PHM系统结构时，要确保其不影响监测对象的功能、结构和使用条件，不会因PHM系统工作而影响监测对象对环境的要求。

2.1.2.2 方法分类

在整个PHM方法体系中，预测是实现对象系统性能退化状态和剩余寿命预测的核心方法。故障预测方法类型主要可分为基于可靠性模型的故障预测方法、基于物理模型的故障预测方法和基于数据驱动的故障预测方法三类。

1. 基于可靠性模型的故障预测方法

基于可靠性模型或基于概率的PHM方法适用于从过去故障历史数据的统计特性角度进行故障预测。相比于其他两类方法，这种方法需要更少的细节信息。原因是预测所需要的信息包含在一系列的不同概率密度函数中，而不需要特定的数据或数学模型的表述形式。基于可靠性模型，这一类方法的优势就是所需要的概率密度函数可以通过对统计数据进行分析获得。而所获得的数据能够对预测提供足够的支持。另外，这种方法所给出的预测结果含有置信度，这个参数也能够很好表征预测结果的准确度。

典型的基于统计可靠性的故障概率曲线就是著名的“浴盆曲线”，即在设备或系统运行之初故障率相对较高，经过一段时间稳定运行后，故障率一般可以保持在相对比较低的水平。而后再经过一段时间的运转，故障率又开始增加，直到所有的部件或设备出现故障或失效。设备的运转特性、运行工况的变化和寿命周期内的性能退化等因素使得基于系统特性的故障预测变得更加复杂。所有这些因素均会对预测结果产生一定概率的影响。另外，还需要考虑降低故障预测的虚警率。

通过对大量装备系统的可靠性分析，一般系统的失效与时间数据趋势很好地服从威布尔分布，因此威布尔分布模型被大量用于系统或设备的剩余寿命预测。

2. 基于物理模型的故障预测方法

基于模型的故障预测技术，一般要求对象系统的数学模型是已知的。这类方法提供了一种掌握被预测组件或系统的故障模式过程的技术手段，在系统工作条件下，通过对功能损伤的计算来评估关键零部件的损耗程度，并实现在有效寿命周期内评估部件使用中的故障累积效应。通过集成物理模型和随机过程建模，可以用来评估部件剩余寿命分布状况。基于模型的故障预测技术具有能够深入对象系统本质的特点和实现实时故障预测的优点。

采用物理模型进行故障预测时，根据预测对象系统的稳态或瞬态负载、温度或其他在线测试信息构建预测模型框架，并统计系统或设备历史运行情况或预期运行状态，进行系统将来运行状态的仿真预测。通常情况下，对象系统的故障特征通常与所用模型的参数紧密联系。随着对设备或系统故障演化机理研究的逐步深入，可以逐渐修正和调整模型，以提高其预测精度。而且在实际工程应用中也往往要求对象系统的数学模型具有较高的精度。但是与之相矛盾的问题是，通常难以针对复杂动态系统建立精确的数学模型。因此，基于物理模型的故障预测技术的实际应用和效果受到了很大限制，尤其是对复杂系统的故障预测。

3. 基于数据驱动的故障预测方法

在许多情况下，对于由很多不同信号引发的历史故障数据或者统计数据集很难确认。何种预测模型是用于预测，或者在研究许多实际的故障预测问题时，建立复杂部件或者系统的数学模型是很困难的，甚至是不可能的。因此，部件或者系统设计、仿真、运行和维护等各个阶段的测试、传感器历史数据就成为掌握系统性能下降的主要手段。基于测试或者传感器数据进行预测的方法称为数据驱动的故障预测技术。

2.2 PHM系统结构设计

PHM系统是一个复杂系统，一般来讲，随着系统复杂程度的增加，整个系统的组成结构、联结关系以及各个组成部分的层次关系也越来越复杂。与具体部件功能的实现技术相比，系统总体结构设计和组件规格描述相对重要得多。良好的系统结构不仅是解决复杂系统开发周期长、验证成本高的重要途径，也是保证系统之间可集成、可互操作，实现高效一体化的基本措施。

2.2.1 描述方法

PHM系统体系结构描述方法，是指从系统工程的角度出发，忽略系统在位置和组织角度的描述，着重从使用、系统和技术的角度对其体系结构进行分析和描述。一般来讲，从不同的角度出发，可以有不同的描述方法。

1. 基于功能的系统体系结构描述方法

在系统体系结构描述过程中，往往需要针对一系列问题进行设计与分析，从语义上可以将其归纳为“5W1H”，即Why（规则）、What（产品）、Where（位置）、Who（主角）、When（时间）和How（功能）。“5W1H”代表了系统结构描述时的6个不同方面，每个视图产品往往关注于其中一个方面，按照体系结构的设计原则，组成体系结构的数据要素可以根据“5W1H”进行组织。“5W1H”关系图如图2-4所示。

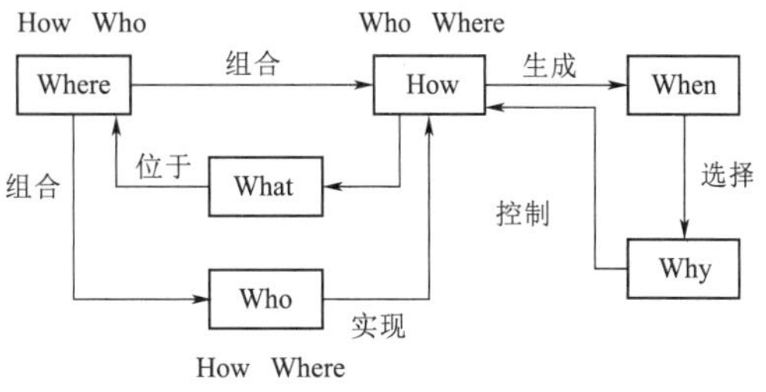

图2-4 “5W1H”关系图

可以看出，How（功能）处于中心位置，是其他5W相互关联的枢纽以及进行体系结构产品开发的基础和关键。同时，Where（位置）、Who（主角）和 How（功能）构成的三元关系代表了位置、主角和功能三方面语义的数据要素以及它们之间的关系，也是体系结构设计的核心内容，而 What（产品）则是三元关系中数据要素之间相互作用过程的产物。

基于功能的体系结构描述方法是一种以数据为中心的方法，它以体系结构数据要素中的功能语义（How）实体为主线，通过分析组成视图的核心实体以及它们之间的关系，为体系结构描述框架确定一组用于集成体系结构开发的产品集以及产品的描述内容。而 PHM 系统的核心是信息的采集、传输、处理和应用，因此，可采用基于功能的体系结构描述方法对 PHM 系统的体系结构进行描述。

2. 基于能力需求的系统体系结构进行描述

基于能力需求的系统体系结构进行描述的方法，是指在已知对系统提出的能力需求的情况下，逐步构建能够满足系统能力需求的体系，并对该系统的结构进行描述。通常有以下两种描述思路。

一是从“需求到体系”的描述，是一种自顶到下的描述思路，主要是以定性描述的方式进行。首先描述待建系统提出的能力需求，然后从能力需求出发，经过逐级分解映射，将能力需求转化为对功能的需求，最后根据对功能的需求，选择合适的功能模块，构建功能模块体系，并对该功能模块体系的组成、结构和相互关系等内容进行描述。

二是从“从体系到能力”的描述，是一种自底向上的描述思路，主要是以定量描述的方式进行，对于“从需求到体系”描述过程中构建的功能模块体系，描述其表现出的体系能力对系统能力需求的满足程度，从而指导所构建的功能模块体系进行结构调整与优化配置。

由于 PHM 的作用是其能力的体现，而各功能模块是其子能力的反映，系统的体系结构正是对各功能模块的组成结构及相互关系描述，因此，可采用基于能力的体系结构描述方法对 PHM 系统的体系结构进行描述。

2.2.2　设计方法

PHM 系统体系结构设计方法，是指按照选取的体系结构框架针对不同的开放目标，有选择地设计体系结构和产品的方法。常用的体系结构设计方法有基于开放系统方法的体系结构设计、基于结构化方法的体系结构设计。

1. 基于开放系统方法的体系结构设计

开放系统方法被美国国防部称为 21 世纪装备研制、部署和保障的方法。对其所下的定义是：开放系统方法是一种综合的装备采办策略和技术策略，它利用得到广泛支持的、协商一致的标准，进行模块化设计，规定关键接口。开放系统方法主要由三个要素组成，即模块化设计、关键接口和标准。

（1）模块化设计。模块化设计是开放系统方法的基础。模块化是指进行系统设计时将系统分解成若干组成部分，每个组成部分担负一种功能。模块化设计，通过组合可替代的模块，可以实现系统的扩展或功能的重构。模块化设计使系统更易于研制、维修、改型和升级。一个模块更新升级对其他模块的影响很小。模块设计始于系统研制初期，并始终作为系统不断发展扩充的手段。模块化设计具有以下三个特点：一是依据功能将系统分解为若干个规模适当的可反复使用的模块，每个模块担负一种功能，而每个模块内部又包含一些彼此独立的功能要素；二是要求对模块的功能目标进行明晰描述，据此准确定义模块接口；三是易于进行设计更改，从而有利于随时吸纳新技术，有利于采用工业界通用的关键接口标准，有效实现系统互操作性。

（2）关键接口。开放系统方法将系统接口分为关键接口和非关键接口。关键接口是指那些可以优先采用开放式标准的模块接口。这些接口在实现技术上可不断发展更新，对其要求也会不断增多。而开放式标准是指广泛使用的、协商一致的，由公认的工业标准团体颁布并维护的规范和标准。

（3）标准。标准是开放式系统方法的基本技术平台。无论是模块化设计还是模块接口，都离不开标准，尤其是接口标准。标准规定了系统各组成部分间的实体关系、功能关系和运行关系，从而实现互操作、互联、兼容。因此要正确实施开放系统方法，合理选用接口标准，如射频标准、人机接口标准、电气标准、软件标准、互联标准、光纤通道标准和异步传输方式标准等。

基于开放系统方法的系统体系结构设计遵循螺旋式模型。螺旋式模型从设计目标要求及限制条件出发，通过循环迭代过程，达到最终目的，通常包括三个循环：第一个循环主要是软件，同时也兼顾接口和原型硬件的设计；第二个循环主要考虑接口兼顾原型硬件，并考虑对软件的修改；第三个循环主要考虑硬件从原型硬件转向最终硬件，同时可回过来修改接口和软件。

2. 基于结构化方法的体系结构设计

结构化方法起源于 20 世纪 50 年代，包括结构化设计和结构化开发。该方法是一种比较成熟的过程驱动系统工程方法，其出发点是系统需要执行的功能或活动，基于功能分解来得到系统的层次结构图。该方法的特点是面向数据流，自顶向下和逐步求精。利用结构化方法进行系统体系结构设计，需要从系统执行的功能和为完成这些功能所需的物理实体这两个角度对体系结构进行考察。

（1）体系结构分类。结构化方法将体系结构分为以下类型：

一是功能体系结构。功能体系结构是为完成一定任务按照某种顺序排列的活动或功能的集合，其反映系统使命和任务是如何完成的，功能体系结构可由综合数据词典支持的活动模型、数据模型、规则模型和动态模型等进行表述。

二是物理体系结构。物理体系结构是对构成系统的物理资源及其连通性的表述。其节点具有一定的功能，但不描述功能如何实现。节点之间的连接表示它们之间可以存在信息流。物理体系结构可以由框图和节点图等多种形式进行描述。

三是技术体系结构。技术体系结构主要是系统建设中的具体规定，以指导系统的开发实现，并确保新系统与旧系统的相互兼容。技术体系结构，将抽象的功能体系结构和物理体系结构，与详细的系统设计联系起来，以便系统设计的实现。

（2）体系结构开发过程。在结构化的体系结构设计中，主要是构筑功能体系结构和物理体系结构，重点是功能体系结构的建立。整个开发过程可分为以下阶段：

一是分析阶段。以系统概念为基础，得到系统的功能描述和物理体系结构视图。这是体系结构开发的核心。

二是综合阶段。应用分析阶段得到的结果，即静态模型、动态模型和物理体系结构等，构造体系结构的可执行模型。

三是评估阶段。针对可执行模型的仿真运行来得到系统体系结构的性能和效能的度量。

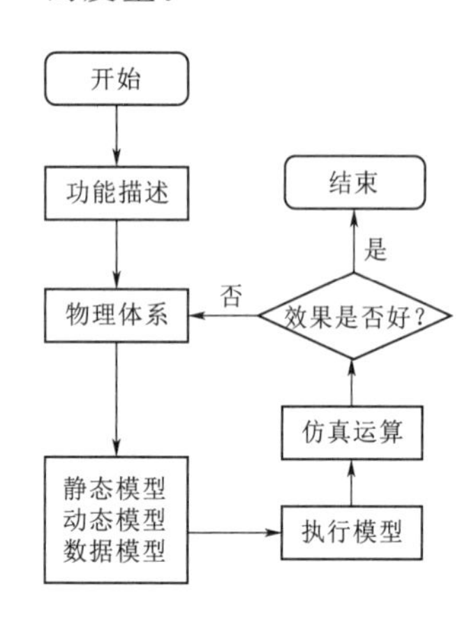

图 2-5　体系结构设计主要过程

上述三个阶段是一个循环迭代的过程，直到体系结构的结果满足用户对系统的期望。体系结构设计主要过程如图 2-5 所示。首先根据需求信息确定系统概念，系统概念是对如何达到使用目的的简明陈述；在系统概念分析的基础上进行功能分解，建立功能体系结构；在功能体系结构和系统概念的基础上建立物理体系结构。其中，物理体系结构的确定还需要技术体系结构的指导。

其中最关键的是功能体系结构开发，具体包括以下步骤：

第一步：在给定系统概念的基础上进行功能的分解，建立分层的树形功能结构图。然后针对功能自顶向下建立活动模型，并描述其中的数据流。

第二步：根据活动模型中的数据和对象，建立逻辑数据模型。

第三步：分析活动模型中存在的规则，也就是建立规则模型，根据具体应用可以采用决策树、决策表、结构化语言和数学逻辑等方法来描述。

第四步：分析体系结构的动态行为，利用状态图构建系统的动态模型，显示系统在各事件下的状态转移。

第五步：将该模型中的术语定义集成为数据词典。

在上述设计过程中，功能体系结构的四大要素，即过程模型、数据模型、规则模型和数据词典，逐一生成。这些模型从不同角度描述了功能活动，但也相互关联，如过程模型的输入输出是数据模型中的实体；规则模型的前提条件和输出也是数据模型中实体的属性。它们之间存在重叠的信息，其一致性由数据词典保证。

2.2.3 验证评估

体系结构验证评估是体系结构设计生命周期中非常重要的一个环节，对系统体系结构的设计和实现都有着很大的影响。体系结构验证评估目的主要体现在三个方面：一是检查体系结构设计的正确性，确定体系结构描述是否满足系统的功能需求；二是探讨体系结构的可修改性、健壮性、可用性、互操作性、结构重组以及不同要素的耦合关联性，揭示体系结构的合理性和效应，优化各类活动的流程和相关资源的效费比；三是通过综合运用数学建模、分布式仿真和数据挖掘等方法，实现对体系结构的实时在线评估，快速评估系统体系结构的能力。

目前可用于系统体系结构验证评估的方法主要有专家评审法、矩阵分析法、折中分析法、形式化验证法和可执行验证法等。每种方法各有各的特点，且所验证的方面也各有不同。

矩阵分析法主要包括以下内容：

(1) 邻接矩阵法。邻接矩阵可以自动检测系统的子系统和部件之间的互联互通特性，其基本思想是由于系统的组成单元之间的相互关系组成了一个有向关系图。可根据数据结构的定义，使用邻接矩阵存储有向图的有向关系，然后通过 Warshall 算法求出系统的可达性矩阵，据此来分析系统组成单元之间的相通性。

设 PHM 系统 $\boldsymbol{S}$ 有 n 个组成单元，$\boldsymbol{S}=\{e_1, e_2, \cdots, e_n\}$，则组成单元之间的邻接矩阵为

$$\boldsymbol{A}=\begin{bmatrix} a_{11} & a_{12} & \cdots & a_{1n} \\ a_{21} & a_{22} & \cdots & a_{2n} \\ \vdots & \vdots & \vdots & \vdots \\ a_{n1} & a_{n2} & \cdots & a_{nn} \end{bmatrix} \tag{2-1}$$

其中 $a_{ij}=\begin{cases} 1 & (e_i \text{ 到 } e_j \text{ 有通路}) \\ 0 & (e_i \text{ 到 } e_j \text{ 无通路}) \end{cases}$

可以看出系统的有向关系图与关系矩阵是一一对应的。有了有向关系图，关系矩阵就唯一确定了。得出邻接矩阵以后，通过 Warshall 算法，可以转化成表示系统

相通性的可达性矩阵，然后由可达性矩阵可以很清楚地看出系统之间的相通性。

邻接矩阵 **A** 的可达性矩阵 **M** 可定义为

$$\boldsymbol{M}=\begin{bmatrix} m_{11} & m_{12} & \cdots & m_{1n} \\ m_{21} & m_{22} & \cdots & m_{2n} \\ \vdots & \vdots & \vdots & \vdots \\ m_{n1} & m_{n2} & \cdots & m_{nn} \end{bmatrix} \tag{2-2}$$

其中 $m_{ij}=\begin{cases} 1 & (\text{从 } e_i \text{ 经若干支路可到达 } e_j) \\ 0 & (\text{从 } e_i \text{ 无法到达 } e_j) \end{cases}$

如果从 e_i 出发经过 K 段支路到达 e_j，则说 e_i 到 e_j 是可达的，且长度为 K。

当系统结构设计完成以后，邻接矩阵和可达性矩阵就可以由计算机自动进行生成，而且所得结果也是比较准确和科学的。在上述邻接矩阵中也可以加入相应的权值用来表示系统组成单元之间的结构关系和通信距离等信息。如用 0 表示无关系、1 表示点对点关系、2 表示客户/服务器关系、3 表示总线方式等。

（2）模糊矩阵法。PHM 系统的体系结构主要描述 PHM 系统的组成单元以及组成单元之间的相互关系，因此系统体系结构可抽象描述为

PHM 系统结构＝{系统单元集合，单元集合之间的关系}

由于实际的 PHM 系统无论是其单元集合还是单元集合之间的关系，都是非常复杂的，为了对 PHM 系统结构进行有层次的描述，可将其结构分成 3 个层次视图，即顶层视图、节点视图和子系统视图。顶层视图即表示总系统，节点层视图则是对多个子系统进行物理或逻辑的划分，子系统视图则是节点内部一个相对独立的功能实体。

一般来说，对于一个大型的 PHM 系统来说，必然存在一些比较相似的系统、节点子系统和系统部件。尤其是不同节点的子系统之间以及不同系统的部件之间，在功能、结构等方面都非常可能出现相似现象。很显然，当系统单元之间的相似关系超过一个设定的阈值时，就可以在系统设计和开发时，将这些相似的系统单元进行合成和统一开发。可将系统单元两两之间的相似关系定义成取值为 [0，1] 的模糊数，模糊数取值越大，则越具有相似关系。0 表示无相似关系，1 表示完全相同，最后就可以形成一个 $n \times n$ 的模糊关系矩阵。模糊关系矩阵形成步骤如下。

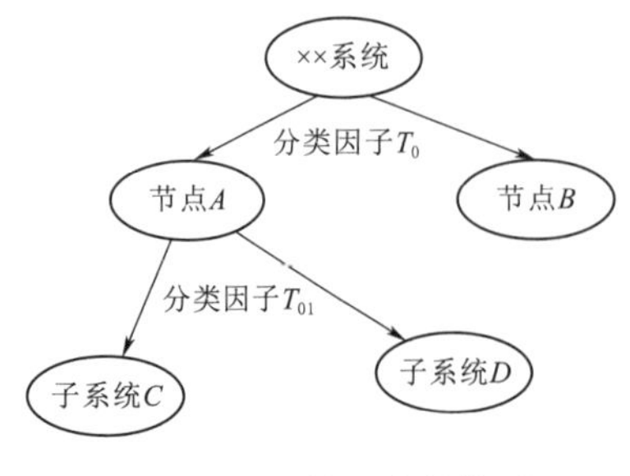

图 2-6　系统层次结构图

第一步：选择分类因子，对系统进行分类。

分类因子是指系统进行分类的依据，系统层次结构图如图 2-6 所示。一级分类因子 T_0 将系

统结构分成 A、B 两个节点，二级分类因子 T_{01} 又将节点 A 分成 C、D 两个子系统。分类因子一般都包含多项分类指标，可以用集合的方式表示，如

$$T_0=\{配置位置，逻辑关系，监测对象，\cdots\}$$

第二步：选择感兴趣的目标集合。

假设通过一级分类因子 T_0，将系统分为 n 个系统节点，然后再从 n 个节点中选择需要进行相似性评价的节点，形成目标集合 $\boldsymbol{U}$，$\boldsymbol{U}=\{D_1, D_2, D_3, \cdots, D_n\}$，其中 $n<N$，n 表示目标集合节点的个数，D_i 表示第 i 个节点。

第三步：确定评价指标体系及其权重。

根据系统的具体特点，科学地确定具有代表性的评价指标体系，指标体系可以用集合的方式表示，如 $\boldsymbol{S}=\{a_1, a_2, a_3, \cdots, a_n\}$，其中 m 表示评价指标的个数。每一项指标都必须赋予相应的权重，如果第 i 项指标的权重用 w_i 表示，那么 $\sum_{i=1}^{m} w_i = 1$。

第四步：选择评价方法。

根据评价指标的特点，可采用不同的评价方法，其中专家打分法是一种常用且有效的方法。将其评价指标的相似程度划分为五个等级：完全相同、比较相似、相似、不相似、完全不同，每个等级都赋有相应的数值，分别为 1、0.75、0.5、0.25、0。

第五步：专家评分。

用 d_{ij}^k 表示从第 i 个单元到第 j 个单元之间第 k 项指标的相似性，其中，i，$j \in n$，$d_{ij}^k \in \{1, 0.75, 0.5, 0.25, 0\}$。然后就可以聘请专家对每项 d_{ij}^k 进行打分了。

第六步：计算相似关系。

利用线性加权求和法求出各节点单元之间的相似关系，计算公式为

$$r_{ij} = \sum_{k=1}^{m} w_i d_{ij}^k \quad (i,j \in n, k \in m) \tag{2-3}$$

式中 r_{ij}——第 i 个节点和第 j 个节点之间的相似程度。

第七步：形成模糊相似关系矩阵 $\boldsymbol{R}$ 为

$$\boldsymbol{R}=\begin{bmatrix} r_{11} & r_{12} & \cdots & r_{1n} \\ r_{21} & r_{22} & \cdots & r_{2n} \\ \vdots & \vdots & \vdots & \vdots \\ r_{n1} & r_{n2} & \cdots & r_{nn} \end{bmatrix} \tag{2-4}$$

可以看出，模糊相似关系矩阵 $\boldsymbol{R}$ 是一个对称矩阵。

第八步：确定阈值。

对于模糊相似关系矩阵 $\boldsymbol{R}$，可根据实际应用的需要，选取不同的阈值 λ，$\lambda \in [0, 1]$，取 $\boldsymbol{R}$ 的 λ 截集，得到 0－1 矩阵 R_λ 为

$$
\boldsymbol{R}_{\lambda}=\begin{bmatrix} r_{11}(\lambda) & r_{12}(\lambda) & \cdots & r_{1n}(\lambda) \\ r_{21}(\lambda) & r_{22}(\lambda) & \cdots & r_{2n}(\lambda) \\ \vdots & \vdots & \vdots & \vdots \\ r_{n1}(\lambda) & r_{n2}(\lambda) & \cdots & r_{nn}(\lambda) \end{bmatrix} \tag{2-5}
$$

其中

$$
r_{ij}(\lambda)=\begin{cases} 1 & (r_{ij}\geqslant\lambda) \\ 0 & (r_{ij}<\lambda) \end{cases}
$$

通过以上的步骤可得到目标集合中各节点之间的相似关系矩阵。1 表示节点之间有足够的相似性，可以进行系统合并或者进行统一开发。0 则表示节点之间没有相似性，需要单独开发。同理，如果要得到子系统之间的相似关系矩阵，则可以通过各节点的子分类因子进行分类，然后依据上述同样的步骤即可得到子系统间的相似关系矩阵。

2.3　水轮发电机组 PHM 系统体系结构设计

2.3.1　水轮发电机组 PHM 系统体系结构

水轮发电机组的 PHM 体系结构采用开放式总线体系的分层推理结构，如图 2 - 7 所示。PHM 系统分为 3 层：最底层是分布在水轮发电机组各分系统中的硬件监测设备；中间层是 PHM 处理中心；顶层是管理层，包括水轮发电机组检修保障管理平台及后方检修保障机构。

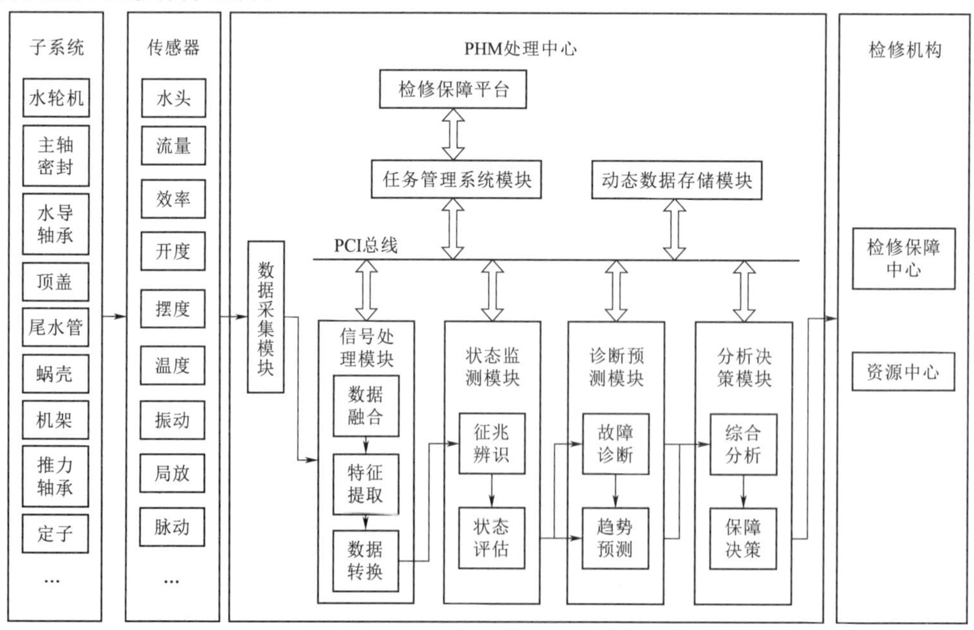

图 2 - 7　水轮发电机组 PHM 体系结构

2.3.2 系统模块

PHM 处理中心是水轮发电机组 PHM 系统的核心，主要包括七个模块，具体如下：

（1）数据采集模块：负责从水轮发电机组各分系统采集所有监测对象的状态参数信息。

（2）信号处理模块：主要完成采集数据的融合、特征提取和数据转换处理。

（3）状态监测模块：完成故障征兆辨识和健康状态评估等任务。

（4）诊断预测模块：主要完成故障诊断和故障趋势预测等。

（5）分析决策模块：通过综合分析形成最终诊断预测结果、剩余寿命估计和最佳检修保障方案。

（6）任务管理系统模块：提供用户与 PHM 系统的接口协调控制，完成各项功能。

（7）动态数据存储模块：主要存储水轮发电机组部件的结构与特性信息、故障机理、专家知识以及各类诊断、预测、推理模型和分析规则和假设条件等。为便于数据库知识的不断更新和完善，将其设置为动态的形式。

问题与思考

1. PHM 系统的结构型式主要有哪些？结构选择受哪些因素的影响？

2. PHM 系统设计的方法有哪些？

第3章　水轮发电机组PHM系统数据采集及分析技术

水轮发电机组PHM系统工作的基础是表征各个部件工作状态的指标数据，或可以间接推理判断部件工作状态的参数信息。这些信息都需要利用传感器来采集。因此数据采集技术也可以称为传感器应用技术，数据处理技术就是对传感器采集到的数据进行加工和分析得出结果的过程。

3.1　数　据　采　集

实现水轮发电机组健康管理的前提是能获得各个部件的工作状态信息，但是由于水轮发电机组结构复杂，由多个子系统组成，每个子系统又有很多零部件组成，每个零部件承担着不同的功能，但每个零部件的失效与否对机组整体影响的敏感性又不一样。在数据采集过程中，对所有零部件的所有状态信息都实现采集是不可能的，也是没必要。如发电机风罩上的一颗螺栓，其工作状态没有必要实时监测，即使这里的螺栓断裂，也不会产生什么影响。但水发联轴螺栓、顶盖螺栓在机组安全稳定运行中起着关键性的作用，俄罗斯萨扬-舒申斯克水电站事故就是因为顶盖螺栓断裂导致的，最终造成75人死亡、13人失踪和130亿美元损失的惨痛教训。因此，水轮发电机组监测对象的选择并不是越多越好，而是重点监测对机组安全运行影响较大的关键部件。监测对象的选择主要从以下两个方面考虑：

（1）部件的重要性。水轮发电机组的关键部件故障将直接影响机组运行安全性，在进行监测对象选择时，应根据部件的重要性优先选择关键部件。

（2）部件的可靠性。部件的结构和功能不同，其可靠性也不相同，在进行监测对象选择时，应优先选择可靠性较低的部件。

对于水轮发电机组而言，根据监测目的的不同，可以开展稳定性监测、效率监测、空化空蚀监测、温度监测、动作时间监测等。

3.1.1　稳定性监测

水轮发电机组是水电站将水能转换为电能的核心设备，是水电站的心脏。水电站能够发电，能够产生经济效益以及为国民经济做贡献，全靠水轮发电机组的安全稳定运行。随着我国水电事业的高速发展，水轮发电机组容量越来越大，结构也越来越复杂，白鹤滩水电站单机容量达1000MW，成为世界上单机容量最大的水轮发电机组。随着水轮发电机组结构的复杂化，给机组稳定性也带来了不小的挑战。近年来投产的水轮发电机组，先后出现了很多不同程度的不稳定性问题，给水轮发电机组的安全运行带来了威胁。俄罗斯萨扬-舒申斯克水电站，由于机组运行稳定性差，振动过大，最终导致顶盖螺栓疲劳断裂引发了水淹厂房事故。因此，机组稳定性的监测对后期的故障诊断具有重要的意义。

水轮发电机组稳定性监测的主要参数有主轴摆度、固定部件振动、压力脉动、空气间隙和噪声等。

3.1.1.1　主轴摆度监测

通常采用电涡流位移传感器来监测主轴的摆度，电涡流位移传感器是电感式传感器的一种，原理是依靠探头线圈产生的高频电磁场在被测表面感应出电涡流和由此引起的线圈阻抗的变化来反映探头与主轴的距离。电涡流传感器测量主轴摆度时，对于立式机组，一般在机组的上导轴承、下导轴承和水导轴承处径向设置互成90°的2个摆度测点，各处测点的方位应保持一致；对于卧式机组，一般在机组组合轴承和水导轴承处径向设置互成90°的2个摆度测点，与垂直中心线左右成45°安装。主轴摆度测量传感器安装位置示意图如图3-1所示。

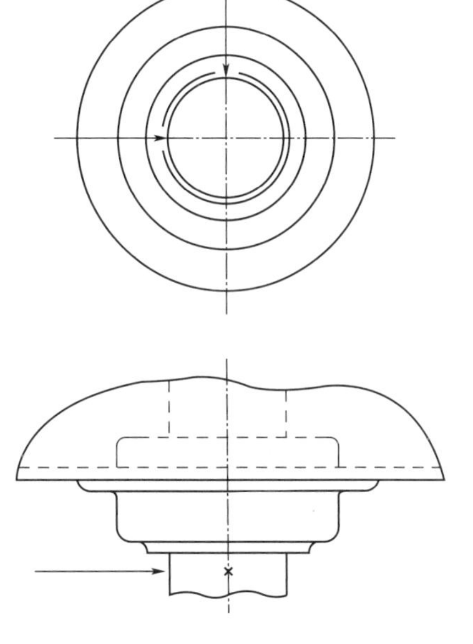

图3-1　主轴摆度测量传感器安装位置示意图

3.1.1.2　固定部件振动监测

固定部件的振动监测可以采用加速度传感器，也可以采用速度传感器。对于水轮发电机组振动来讲，主要是低频振动为主，通常采用速度传感器。速度传感器的原理是，机组振动时，磁铁与线圈之间产生相对运动，切割磁感线，在线圈内产生感性电压，感性电压与被测部件振动的速度成正比，对该信号进行积分放大即可得到位移信号。速度传感器一般设计成磁吸式，将速度传感器直接磁吸在固定部件上即可开展测试。

振动监测点的选择是获取机组振动状态的重要环节，直接影响到振动信号测量的准确程度。固定部件的振动是由于机组高速旋转引起的，因此振动测点的位置越靠近机组旋转中心越准确。同时，振动测点应同时测量互成90°的2个水平方向和1个垂直方向。

对于立式机组，上机架、下机架、定子机座和顶盖处应设置振动监测点。监测点在水平方面应设置互成90°的2个测点，在垂直方向可以设置1个测点，非承重机架可以不设置垂直方向的测点，各处测点的方位应保持一致。其中定子机座振动水平振动测点应设置在定子铁芯高度的2/3处，其他位置测点应尽量靠近机组的旋转中心。

对于卧式机组，应在组合轴承、水导轴承和转轮室等位置布置振动测点。

除上述测点外，还可以根据需要增加测点位置，如进水主阀和伸缩节等。

3.1.1.3 压力脉动监测

压力脉动是指水轮机流道中水压力随时间变化的量值与其平均值相比，时大时小交替变化的现象。压力脉动对水轮机的安全稳定运行影响很大，过大的压力脉动可能会导致水轮发电机组振动过大、叶片裂纹，严重的时候可能会引发无法开机或者烧瓦。2020年，四川甘孜某水电站水轮机止漏环偏磨严重，导致水力不平衡，压力脉动严重超标，引起水导轴承烧毁；2021年7月，西藏林芝某水电站水轮机个别叶片被杂物堵塞，导致压力脉动异常，机组振动过大，无法带满负荷。由此可见，水轮机压力脉动是机组安全稳定运行的重要表征参数。压力脉动与水轮机发电水头直接相关，在水轮机设计上，要求压力脉动值不超过相应水头的2%～11%，高水头下取小值，低水头下取大值。减小压力脉动的措施主要有：一是优化水轮机型线设计，使水轮机叶片具有一定的角度，保证水流顺畅通过；二是对尾水管补气，可以通过尾水十字架、大轴补气、射流补气和压缩空气强迫补气的方法，大量试验数据表明，补气的方法可以大幅度减轻压力脉动幅值。

压力脉动的监测一般采用压电式压力传感器，这种压力传感器主要由弹性敏感元件和压电转换元件组成，当外界压力传递到弹性敏感元件上的时候，在压电材料的弹性限度内，其表面产生的电荷与施加的压力成正比，通过压电转换元件将电荷值转换为压力值。

压力脉动监测的测点一般设置在蜗壳进口、尾水管进口和导叶前后等。在水电站中，一般将压力脉动监测传感器设置在厂房内的水力测量系统管路上，而这些管路经常出现堵塞的情况，故水电站在检修过程中，应特别注意要对水力测量系统管路进行疏通，保证管路畅通和压力脉动测量准确。

3.1.1.4 空气间隙监测

水轮发电机定子转子之间的空气间隙是重要的电磁参数，对机组稳定运行有直接影响，也与机组振动密切相关。如果定子不圆、转子不圆或者轴线偏心，空气间隙将会出现不均匀的情况，产生不平衡磁拉力，导致机组振动增加，当空气间隙过小，还可能会出现扫膛事故。因此，监测空气间隙的变化，有助于准确诊断发电机的故障，保证机组稳定运行。

空气间隙监测系统一般由平板式电容传感器、数据采集单元、信号调节器、通信接口和相关软件程序组成。平板电容传感器利用传感器平板与被测表面之间等效电容的变化反映两个平面之间的距离。由于空气间隙传感器为平板形式，非常适合在定转子之间和定子线棒端部安装，其准确度不受表面油污和碳粉等污垢的影响，具有较强的抗电磁干扰能力。

最近几年，光电传感器在空气间隙监测中也得到了应用。这种传感器的探头是一个广源发射器，光源透过透镜发射到对面的一条反射带上，利用交叉光源脉冲的变化时间确定距离。

一般情况下，沿着定子和转子的圆周，至少均匀布置 4 个传感器；定子直径大于 7.5m 的，应至少均匀布置 8 个传感器；对于定子高度较高的机组，可以在定子上部、下部分两层分别安装 4 个或 8 个传感器。

3.1.1.5 声音监测

水电设备机械部件发出的声音通常是由周期性或非周期性事件引起的机械振动产生的，这些声音可能由许多不同的现象引起，例如水力的不稳定、旋转机械的摩擦和电磁的相互作用，压缩机的启停等。在水力发电厂中，这种振动通常受运行模式的影响。例如在部分负荷下，水力对水轮发电机的影响远大于满负荷情况，同时影响其他部件和辅助设备，甚至整个系统的本征频率，从而影响现场的频率能量分布或频率的峰值。因此，可对机组运行时产生的声音信息进行监测，分析声音中蕴含的健康状态信息。

声音监测一般采用对声波敏感的电容式传感器，声波使置于传感器内的驻极体薄膜发生振动，导致电容发生变化，产生与之对应的电压变化，经过数据处理后得到对声音数据的监测。

声音监测传感器一般设置在水车室、蜗壳进人门和尾水进人门处。

3.1.2 效率监测

水轮机的效率是水轮机大轴功率与水流功率之比。由于测量水轮机大轴功率难度较大，故通常采用发电机输出功率和发电机效率换算的方式求出水轮机的效率。

水轮发电机组的功率公式为

$$P=9.81QH\eta_t\eta_g \tag{3-1}$$

因此

$$\eta_t=\frac{P}{9.81QH\eta_g} \tag{3-2}$$

式中　η_t——水轮机效率；

η_g——发电机效率；

P——机组输出功率；

Q——水轮机流量；

H——水轮机净水头。

发电机的效率变化不大，一般直接取设计值或按照发电机效率曲线取值。因此，计算水轮机的效率，需要测得机组输出功率、水轮机净水头和水轮机流量三个参数。

3.1.2.1　流量监测

流量监测的方法很多，主要有流速仪法、水锤法、示踪法、蜗壳压差法、超声波法和热力学法等。目前应用比较多的是蜗壳差压法、超声波法和热力学法。

1. 蜗壳压差法

在蜗壳某一横断面上取3个蜗壳压力测点，根据蜗壳设计理论，假设蜗壳中水流没有损失，则水流在蜗壳中的流动符合等速度矩规律，即

$$C=V_0R_0=V_1R_1=V_2R_2 \tag{3-3}$$

式中　C——蜗壳常数；

V_0、R_0、V_1、R_1、V_2、R_2——蜗壳测压断面中心、外侧和内侧测点的流速及其与机组中心线的距离。

假设水流在圆周方向通过导叶均匀流入转轮，不计局部损失，根据伯努利方程得到

$$\Delta p=\frac{\gamma(V_2^2-V_1^2)}{2g} \tag{3-4}$$

$$V_0=\frac{Q_C}{A} \tag{3-5}$$

$$Q_C=\frac{360-\theta}{360}Q \tag{3-6}$$

式中　A——测压断面面积；

Q_C——通过该断面的流量；

θ——测压断面到蜗壳终止点的包角；

γ——物理常数；

Q——过机流量；

g——重力加速度；

Δp——内外测点之间的压力差。

由式（3-4）～式（3-6）可得水轮机流量计算公式为

$$Q=\frac{360A}{(360-\theta)R_0}\sqrt{\frac{2g\Delta p}{\gamma\left(\frac{1}{R_2^2}-\frac{1}{R_1^2}\right)}} \tag{3-7}$$

若令

$$K=\frac{360A}{(360-\theta)R_0}\sqrt{\frac{2g}{\gamma\left(\frac{1}{R_2^2}-\frac{1}{R_1^2}\right)}} \tag{3-8}$$

则式（3-7）变换为

$$Q=K\sqrt{\Delta p} \tag{3-9}$$

其中蜗壳在设计、制造和安装过程中，各部尺寸以及测压点的位置都是确定的，故 K 为定值，称为蜗壳流量系数。因此，水轮机在正常运行过程中，只要监测到蜗壳压差值，就得到水轮机的实时流量。

蜗壳压差法是目前水轮机流量监测中应用最普遍的方法，但由于蜗壳在施工过程中的误差和水力量测系统堵塞等问题，使得测得的水轮机流量准确性不高。在实际工程中，常采用测流精度高的方法确定各工况的准确流量，同时测量对应各工况点的蜗壳压差值，采用对比的方法进行率定。

2. *超声波法*

超声波测流量法主要有时差法、相差法和频差法等三种。时差法是测量超声波在顺流和逆流传播中的时间差，相差法是测量超声波在顺流和逆流中传播的相位差，频差法是测量超声波在顺流和逆流传播中的循环频率差。其中，时差法是应用最广泛的方法。超声波测流量原理示意图如图 3-2 所示。

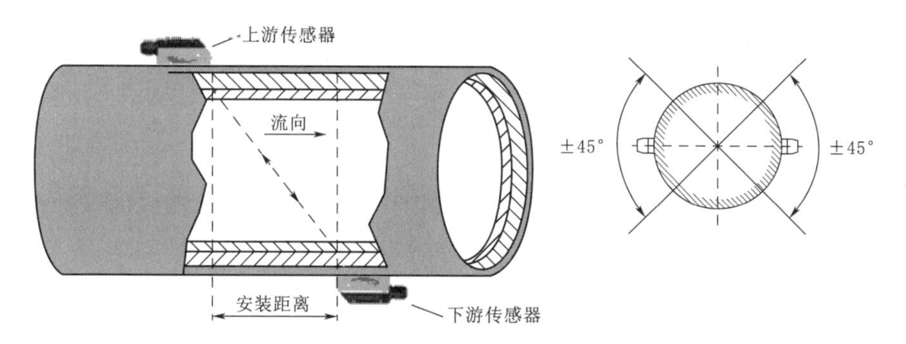

图 3-2　超声波测流量原理示意图

在引水管道上游和下游分别布置两只换能器 P_1 和 P_2，其间距为 l。在水流的作用下，声波沿正向传播所经历的时间为 t_2，逆向传播所经历的时间为 t_1，即

$$t_1=\frac{l}{C-v\cos\theta} \tag{3-10}$$

$$t_2=\frac{l}{C+v\cos\theta} \tag{3-11}$$

式中　C——超声波在流体静止时的声速；

v——流体平均速度；

θ——声道与流体流向之间的夹角。

由式（3-11）可得

$$v=\frac{l\Delta t}{2t_1t_2\cos\theta} \tag{3-12}$$

流速确定后，通过数值积分则可得到流量。超声波流量测试设备的安装需要一定的管道距离，但在水电站压力钢管部分，很少有足够的间距来安装测量设备，因此，超声波测流量设备也可永久性安装在压力钢管内部。

3. 热力学法

水轮机运行时将水的能量转化为水轮机的旋转机械能，水流在对水轮机做功的过程中，由于水流的扰动和摩擦将形成一定的损失，根据能量守恒定律，这些损失将转换为水的热能，使得水轮机低压侧水的温度比水轮机高压侧水的温度高。通过测量水轮机高压侧和低压侧水的温差实现对水轮机效率的测定的方法，即热力学方法。热力学法测水轮机效率原理示意图如图 3-3 所示。图中，E_h 为单位水能，E_m 为单位机械能，P_m 为水轮机机械轴功率，P_1 为水轮机机械损失，P_{gi} 为发电机输入功率和 P_{go} 为发电机输出功率。

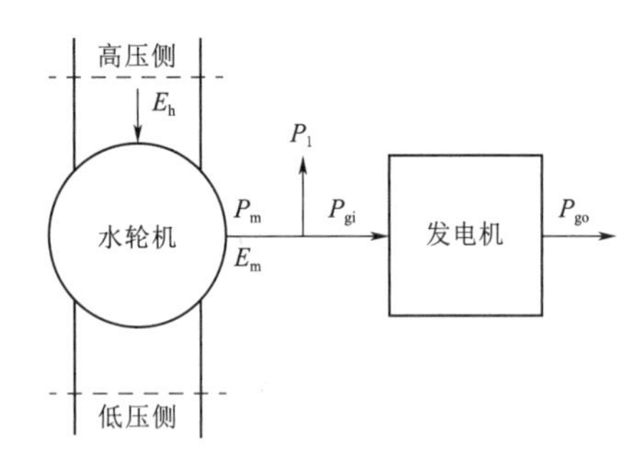

图 3-3　热力学法测水轮机效率原理示意图

转轮获得的单位水体的能量称为单位机械能，由能量转换前后的压力、温度、高程和流速等参数决定，即

$$E_m=\frac{P_m}{\rho Q}=a(p_{abs10}-p_{abs20})+C_P(\theta_{10}-\theta_{20})+\frac{v_{10}^2-v_{20}^2}{2}+g(z_{10}-z_{20})+\delta E_m \tag{3-13}$$

式中　ρ——水的密度；

Q——水轮机的流量；

a——水的等温系数；

C_P——水的比热；

g——重力加速度；

p_{abs10}、p_{abs20}——水轮机高压侧断面和低压侧断面的绝对压力；

θ_{10}、θ_{20}——水轮机高压侧断面和低压侧断面水的温度；

v_{10}、v_{20}——水轮机高压侧和低压侧水的流速；

z_{10}、z_{20}——水轮机高压侧和低压侧中心高程；

δE_m——由于温度和外部热交换等产生的单位机械能的修正项。

水流在流入转轮前的单位水体的能量称为单位水能，即

$$E_h=\frac{p_{10}-p_{20}}{\rho}+\frac{v_{10}^2-v_{20}^2}{2}+g(z_{10}-z_{20}) \tag{3-14}$$

水轮机的水力效率由单位机械能和单位水能计算得出

$$\eta_h=\frac{E_m}{E_h} \tag{3-15}$$

式中 η_h——水轮机的水力效率。

水轮机的机械效率则由发电机输出功率、发电机效率和水轮机机械损耗计算得出

$$\eta_m=\frac{P_{gi}}{P_m}=\frac{P_{go}}{\eta_g P_m}=\frac{P_{go}/\eta_g}{P_{go}/\eta_g+P_1} \tag{3-16}$$

式中 η_m——水轮机机械效率；

η_g——发电机效率；

P_1——水轮机机械损耗。

最终水轮机的效率为

$$\eta_t=\eta_h\eta_m \tag{3-17}$$

热力学法测水轮机的流量，可以达到比较高的精度。但是由于水温的温差较小，一般在0.0001℃数量级，对温度传感器的要求较高，且容易受到外界因素干扰。因此，这种方法在工程实践中应用不多。

3.1.2.2 工作水头监测

水轮机的工作水头一般由位置水头、压力水头和速度水头三部分组成，对于反击式水轮机而言，其工作水头的计算公式为

$$H=(Z_1+a_1-Z_2)+100p_1+\frac{v_1^2-v_2^2}{2g} \tag{3-18}$$

式中 Z_1——蜗壳进口断面测点高程；

a_1——测压仪表到测点的距离；

Z_2——尾水位高程；

p_1——压力表读数；

v_1、v_2——蜗壳进口与尾水出口流速。

3.1.3 空化空蚀监测

水轮机的空化是水流在能量转换过程中的一种特殊现象。由于水具有汽化的性质，在一个标准大气压下，水加热到100℃将会汽化。随着气压的下降，水汽化的温度也会随之下降。当压力下降到一定的程度，水在常温下就会汽化。在水轮机运行过程中，由于水流在水轮机叶片的绕流和脱流等原因，在相应的部位会引起流速过大而使压力降低，当压力下降到临界压力时，水便会汽化产生气泡，同时溶解在水中的空气也会发育成空穴，这一现象称为空化。气泡如果被水流带到压力较高的区域，气泡将会溃灭，产生巨大的微观水锤压力，这种水锤压力会对水轮机表面产生损坏作用，称为空蚀。

空化空蚀将可能会使水轮机过流表面形成麻面状损坏，影响水轮机的效率和安全稳定运行。因此，了解水轮机空化空蚀的程度对掌握水轮机的健康水平起着至关重要的作用。由于水轮机的空化空蚀情况是无法直接监测到的，因此只能通过间接的测试手段监测空化空蚀，如监测水轮机运行的噪声、水轮机振动数据和水轮机效率等。

3.1.3.1 声发射监测

水轮机在运行过程中，气泡在水轮机叶片表面溃灭时，会产生振动，其脉冲持续时间很短，但频谱很宽；而气泡在液体中溃灭时，其脉动持续时间变长，但频谱变窄。空化辐射出的超声波信号主要分布在90～140000Hz的频谱范围内，而水轮机各部件振动均为低频，与空化的高频信号区别较大。因此，可以采用频段在30～500000Hz的声发射传感器对空化信号进行监测。

声发射传感器一般安装在尾水管进人门处、蜗壳进人门处或者水车室内。声发射传感器采集气泡溃灭时辐射超声波的声能信号并转换为电压信号，通过对电压信号的处理和频谱分析，推算水轮机的相对空蚀强度。但由于声发射传感器只能安装在水轮机之外，与空化产生的气泡隔着蜗壳门、混凝土或顶盖，与气泡距离较远，气泡溃灭产生的声能在传播过程中能量衰减，因此声发射传感器测得信号的准确度并不高。

3.1.3.2 金属失重监测

随着空化空蚀的发生，水轮机重量将会减轻，故可以通过监测机组转动部件重量来表征水轮机空蚀的程度。目前对于水轮机金属失重的计算方法，最常用的是美国学者提出的经验公式，其公式为

$$m=0.45V^2b^{-0.56}+2.3C_f-S_a-B-R_1 \tag{3-19}$$

$$W=2.718^m d^2 \tag{3-20}$$

$$B=10.3-0.002E^{0.92}-0.01T \tag{3-21}$$

式中 V——流速；

b——叶片数；

C_f——机组负荷系数；

R_1——机组材料系数；

E——尾水位；

T——下游水温；

S_a——吸出高度。

在实际工程应用中，该方法简单高效，经过多年实际经验也证明该方法相对准确。随着科学技术的发展和先进传感器的研发，可以尝试采用荷载传感器监测机组转动部件重量的方法，监测空化空蚀发生的程度。例如，对于立式机组，可以将荷载传感器植入推力瓦中，监测机组转动部件的重量，对停机状态或者同工况下荷载的变化，判断空化空蚀发生的程度。

3.1.4 温度监测

水轮发电机组各部位必须在正常的温度范围内才能正常运行，否则将可能导致事故的发生。例如，巴氏合金水轮机导轴承瓦最高温度不能超过 75℃，塑料瓦温度最高不能超过 55℃，否则会有烧瓦的风险。同时，各部轴承内部油的温度也不能过低，过低的油温会使油液变稠，不利于对机组的润滑和散热。因此，温度是水轮发电机组安全稳定运行的重要参数。

通常需要进行温度量监测的有：各部轴承瓦温、各部轴承油温、各部轴承冷却器进口出口水温、发电机通风系统热风冷风温度和定子线棒温度等。温度的测量一般使用热电式传感器，这种传感器是一种将温度变化转换为电量变化的装置，利用某些材料或元件的性能随温度变化的特性来进行测量。

3.1.5 动作时间监测

动作时间监测是指针对间歇式启动设备两次启动之间时间的监测，例如油泵启动时间间隔监测、每次启动持续时间监测、顶盖排水泵两次启动之间时间监测和每次启动持续时间监测等。通过动作时间监测数据的分析，可以判断相关设备的运行情况。需要进行动作时间监测的主要有压油泵启动间隔、压油泵启动运行时间、顶盖排水泵启动间隔、顶盖排水泵启动运行时间、制动时间、机组蠕动时间和振动区运行时间等。

3.2 数据清洗

3.2.1 缺失数据的插补

常用的数据插补法有均值插值法、近邻插值法、随机插值法和灰色插值 GM (1，1) 模型法等。

1. 均值插值法

均值插值法是指利用时序数据的均值作为缺失数据，典型的均值插值法有总均值插值和组均值插值。

(1) 总均值插值法。总均值插值法是指利用时序数据的全部数据均值，作为缺失数据。假设状态监测传感器在时间 T 内按采样周期采样得到 N 个数据，记为 $\boldsymbol{X}=\{X(1), X(2), \cdots, X(N)\}$，其中第 r 个数据缺失，则缺失数据用总的数据的均值来替代，即

$$\hat{x}(r)=\frac{1}{N-1}\left[\sum_{i=1}^{r-1}x(i)+\sum_{i=r+1}^{N}x(i)\right] \tag{3-22}$$

(2) 组均值插值法。组均值插值法是指利用部分时序数据的均值作为缺失数据。假设状态监测传感器在时间 T 内按采样周期采样得到 N 个数据，记为 $\boldsymbol{X}=\{X(1), X(2), \cdots, X(N)\}$，其中第 r 个数据缺失，此时从 $n-1$ 个数据中按照简单抽样方法抽取大小为 $M(M<N-1)$ 的连续样本，构成新的数据序列，记为 $\boldsymbol{Y}=\{y(1), y(2), \cdots, y(N)\}$，缺失数据用新数据的均值来插补，即

$$\hat{x}(r)=\bar{y}=\frac{1}{M}\sum_{j=1}^{M}y(i) \tag{3-23}$$

2. 近邻插值法

近邻插值法是指用缺失数据的近邻数据序列的均值来填补缺失值。其中，最常用的有 1 近邻插值法、2 近邻插值法和 k 近邻插值法。

(1) 1 近邻插值法。1 近邻插值法是指用缺失数据的第 1 近邻数据的均值来填补缺失值。假设状态监测传感器在时间 T 内按采样周期采样得到 N 个数据，记为 $\boldsymbol{X}=\{X(1), X(2), \cdots, X(N)\}$，其中第 r 个数据缺失，则用第 1 近邻插值法计算的缺失值为

$$\hat{x}(r)=\frac{1}{2}[x(r-1)+x(r+1)] \tag{3-24}$$

(2) 2 近邻插值法。2 近邻插值法是指用缺失数据的第 1、第 2 近邻数据的均值来替补缺失数据。假设状态监测传感器在时间 T 内按采样周期采样得到 N 个数据，

记为 $\boldsymbol{X}=\{X(1), X(2), \cdots, X(N)\}$，其中第 r 个数据缺失，则用第 1、第 2 近邻插值法计算的缺失值为

$$\hat{x}(r)=\frac{1}{4}[x(r-2)+x(r-1)+x(r+1)+x(r+2)] \tag{3-25}$$

（3）k 近邻插值法。k 近邻插值法是指用缺失数据的第 1 到第 k 个近邻数据的均值来替补缺失数据。假设状态监测传感器在时间 T 内按采样周期采样得到 N 个数据，记为 $\boldsymbol{X}=\{X(1), X(2), \cdots, X(N)\}$，其中第 r 个数据缺失，则用第 1 到第 k 个近邻插值法计算的缺失值为

$$\hat{x}(r)=\frac{1}{2k}[x(r-k)+\cdots+x(r-1)+x(r+1)+\cdots+x(r+k)] \tag{3-26}$$

3. 随机插值法

随机插值法是指采用某种概率抽样的方法，从取得的监测数据中抽取某一数据来作为缺失数据的替补值。随机插值法主要有单次抽样法和多次抽样法。

（1）单次抽样法。单次抽样法是指按某种概率对采集到的时间序列数据进行抽样。用抽取的数据单元值作为缺失数据的替补值。假设状态监测传感器在时间 T 内按采样周期采样得到 N 个数据，记为 $\boldsymbol{X}=\{X(1), X(2), \cdots, X(N)\}$，其中第 r 个数据缺失，若抽取的数据单元为 $x(k)$，则

$$\hat{x}(r)=x(k) \tag{3-27}$$

（2）多次抽样法。多次抽样法是指按某种概率对采集到的时间序列数据进行多次抽样，用抽取的数据单元值的均值作为缺失数据的替补值。假设状态监测传感器在时间 T 内按采样周期采样得到 N 个数据，记为 $\boldsymbol{X}=\{X(1), X(2), \cdots, X(N)\}$，其中第 r 个数据缺失，如果经过 M 次抽样得到新的数据序列为 $\boldsymbol{Y}=\{y(1), y(2), \cdots, y(N)\}$，则

$$\hat{x}(r)=\bar{y}=\frac{1}{M}\sum_{j=1}^{M} y_j \tag{3-28}$$

4. 灰色插值 GM（1,1）模型法

灰色插值 GM（1,1）模型法是依据灰色系统理论和序列数据的特性，通过建立前向和后向灰预测模型，并利用缺失值时区窗口内的全部信息对其进行推理。

设原始序列为

$$x^{(0)}=(x^{(0)}(1), x^{(0)}(2), \cdots, x^{(0)}(n))$$

其一次累加生成序列为

$$x^{(1)}=(x^{(1)}(1), x^{(1)}(2), \cdots, x^{(1)}(n))$$

$$x^{(1)}(k)=\sum_{i=1}^{k} x^{(0)}(i)$$

则 GM（1,1）的灰微分方程模型为

$$x^{(0)}(k)+az^{(1)}(k)=b \tag{3-29}$$

$$z^{(1)}(k)=[x^{(1)}(k)+x^{(1)}(k-1)]/2, k\geqslant 2$$

设

$$\boldsymbol{B}=\begin{bmatrix}-z^{(1)}(2) & 1\\ -z^{(1)}(3) & 1\\ \vdots & \vdots\\ -z^{(1)}(n) & 1\end{bmatrix},\quad \boldsymbol{Y}=\begin{bmatrix}x^{(0)}(2)\\ x^{(0)}(3)\\ \vdots\\ x^{(0)}(n)\end{bmatrix}$$

通过最小二乘准则可得到参数 a 和 b 的辨识算式为

$$[a,b]^{\mathrm{T}}=(\boldsymbol{B}^{\mathrm{T}}\boldsymbol{B})^{-1}\boldsymbol{B}^{\mathrm{T}}\boldsymbol{Y} \tag{3-30}$$

则可得到白化响应的预测值为

$$\begin{cases}\hat{x}^{(1)}(k+1)=[x^{(0)}(1)-b/a]\mathrm{e}^{-ak}+b/a\\ \hat{x}^{(0)}(k+1)=\hat{x}^{(1)}(k+1)-\hat{x}^{(1)}(k)\end{cases} \tag{3-31}$$

3.2.2　噪声的剔除

1. 拉依达准则法

设有在线监测数据序列 $\boldsymbol{X}=\{x(1),\ x(2),\ \cdots,\ x(n)\}$，若某采样点 $x(i)$ 满足

$$\begin{cases}|x(i)-\bar{x}|>3\sigma\\ \sigma=\sqrt{\dfrac{1}{n}\sum\limits_{j=1}^{n}[x(j)-\bar{x}]^2}\end{cases} \tag{3-32}$$

式中　σ——序列数据的标准差。

则认为 $x(i)$ 为异常值，应该剔除。

2. 格拉布斯准则法

设有在线监测数据序列 $\boldsymbol{X}=\{x(1),\ x(2),\ \cdots,\ x(n)\}$，若某采样点 $x(i)$ 满足

$$|x(i)-\bar{x}|>G(\alpha,n)s \tag{3-33}$$

式中　s——标准差；

α——危险系数；

$G(\alpha,n)$——格拉布斯准则数。

则认为 $x(i)$ 为异常值，应该剔除。

3. 斯米尔诺夫准则法

斯米尔诺夫准则法又称极值偏差法。设有 n 个在线监测样本值，将其按从小到大的顺序排列得到数据序列 $\boldsymbol{X}=\{x(1),\ x(2),\ \cdots,\ x(n)\}$，$x(1)\leqslant x(2)\leqslant\cdots\leqslant$

$x(n)$，则可认为 $x(1)$ 或 $x(n)$ 为可疑数据。若 $x(1)$ 或 $x(n)$ 满足

$$x(n)-\overline{x}>q_{\alpha}s \text{ 或 } \overline{x}-x(1)>q_{\alpha}s \tag{3-34}$$

式中 q_{α}——斯米尔诺夫准则数。

则可认为 $x(1)$ 或 $x(n)$ 为异常数据。

4. 狄克逊准则法

狄克逊准则法又称极差比法。设有 n 个在线监测样本值，将其按从小到大的顺序排列得到数据序列 $\boldsymbol{X}=\{x(1), x(2), \cdots, x(n)\}$，$x(1)\leqslant x(2)\leqslant\cdots\leqslant x(n)$，则可认为 $x(1)$ 或 $x(n)$ 为可疑数据。计算狄克逊统计量 r_{ij} 的值，主要包括以下 4 个统计量

$$\begin{cases} r_{10}=\dfrac{x(n)-x(n-1)}{x(n)-x(1)}, & r_{11}=\dfrac{x(n)-x(n-1)}{x(n)-x(2)} \\ r_{21}=\dfrac{x(n)-x(n-2)}{x(n)-x(2)}, & r_{22}=\dfrac{x(n)-x(n-2)}{x(n)-x(3)} \end{cases} \tag{3-35}$$

$$\begin{cases} r_{10}=\dfrac{x(2)-x(1)}{x(n)-x(1)}, & r_{11}=\dfrac{x(2)-x(1)}{x(n-1)-x(1)} \\ r_{21}=\dfrac{x(3)-x(1)}{x(n-1)-x(1)}, & r_{22}=\dfrac{x(3)-x(1)}{x(n-2)-x(1)} \end{cases} \tag{3-36}$$

对不同的 n，统计量 r_{ij} 是不同的。一般认为，当 $3\leqslant n\leqslant 7$ 时，以使用 r_{10} 为佳；当 $8\leqslant n\leqslant 10$ 时，以使用 r_{11} 为佳；当 $11\leqslant n\leqslant 13$ 时，以使用 r_{21} 为佳；当 $14\leqslant n\leqslant 30$ 时，以使用 r_{22} 为佳。若满足

$$r_{ij}>r_{\alpha} \tag{3-37}$$

式中 r_{α}——狄克逊准则数。

则认为 $x(1)$ 或 $x(n)$ 为异常数据。

5. 数字滤波法

数字滤波法处理算法主要有中值滤波和平均滤波，在实际系统中，可能会出现多种干扰，这时可将上述两种方法结合使用。先将 N 个数据排序形成 $x(1)<x(2)<\cdots<x(N)$，则

$$x=\frac{1}{N-2}[x(2)+x(3)+\cdots+x(N-1)] \tag{3-38}$$

该方法对变化较慢与较快的信号均适用。

3.2.3 数据标准化处理

1. 直线型无量纲化方法

直线型无量纲化方法是最常用的参数无量纲化方法，有特征值法、标准化法、比重法等。

（1）特征值法。特征值有时也称阈值或临界值，是衡量数据发展变化的一些特征指标值，如极大值、极小值和平均值等。特征值法无量纲化的公式为

$$y(i)=\frac{x(i)}{\overline{x}},\quad y(i)\in\left[\frac{\min\limits_i\{x(i)\}}{\overline{x}},\frac{\max\limits_i\{x(i)\}}{\overline{x}}\right] \tag{3-39}$$

$$y(i)=\frac{x(i)}{\max\limits_i\{x(i)\}},\qquad y(i)\in\left[\frac{\min\limits_i\{x(i)\}}{\max\limits_i\{x(i)\}},1\right] \tag{3-40}$$

$$y(i)=\frac{\max\limits_i\{x(i)\}+\min\limits_i\{x(i)\}-x(i)}{\max\limits_i\{x(i)\}},\quad y(i)\in\left[\frac{\min\limits_i\{x(i)\}}{\max\limits_i\{x(i)\}},1\right] \tag{3-41}$$

$$y(i)=\frac{\max\limits_i\{x(i)\}-x(i)}{\max\limits_i\{x(i)\}-\min\limits_i\{x(i)\}},\quad y(i)\in[0,1] \tag{3-42}$$

$$y(i)=\frac{x(i)-\min\limits_i\{x(i)\}}{\max\limits_i\{x(i)\}-\min\limits_i\{x(i)\}},\quad y(i)\in[0,1] \tag{3-43}$$

$$y(i)=\frac{x(i)-\min\limits_i\{x(i)\}}{\max\limits_i\{x(i)\}-\min\limits_i\{x(i)\}}k+q,\quad y(i)\in[q,k+q] \tag{3-44}$$

式中　$x(i)$——有量纲参数的第 i 个样本值；

$y(i)$——无量纲化处理后的参数；

k、q——根据需要选取的参数。

（2）标准化法。对于多组不同量纲的数据进行比较时，可以将它们分别标准化，转化成无量纲的标准化数据。标准化方法的公式为

$$y(i)=\frac{x(i)-\overline{x}}{s} \tag{3-45}$$

式中　$\overline{x}$——参数的算术平均值；

s——标准差。

（3）比重法。比重法是将参数的实际值转化为它在总和中所占的比重，转化公式为

$$y(i)=\frac{x(i)}{\sum\limits_{i=1}^{n}x(i)} \tag{3-46}$$

2. 折线型无量纲化法

折线型无量纲化法适合于数据发展呈现阶段性的情况。其关键是找出数据发展的转折点，并确定转折点的无量纲参数。如采样特征值法可构造的折线型转化公式为

$$y(i)=\begin{cases}\dfrac{x(i)}{x(m)}y(m) & ,0\leqslant x(i)\leqslant x(m)\\ y(m)+\dfrac{x(i)-x(m)}{\max\{x(i)\}-x(m)} & ,x(i)>x(m)\end{cases} \tag{3-47}$$

式中 $x(m)$——转折点的参数；

$y(m)$——$x(m)$的无量纲参数。

3. 曲线型无量纲化方法

曲线型无量纲主要用于指标实际值与无量纲值之间不是等比例变动，而是非线性关系。曲线型转化公式常见的有

升半Γ型分布

$$y(i)=\begin{cases}0 & ,0\leqslant x(i)\leqslant x(m)\\ 1-e^{-k(x(i)-a)} & ,x(i)>x(m)\end{cases} \tag{3-48}$$

半正态型分布

$$y(i)=\begin{cases}0 & ,0\leqslant x(i)\leqslant x(m)\\ 1-e^{k(x(i)-a)^2} & ,x(i)>x(m)\end{cases} \tag{3-49}$$

3.3 数据分析技术

在水轮发电机组PHM系统中，数据采集并经过数据清洗后，还需要对数据做进一步的分析，找出数据的变化规律和发展趋势，为状态健康评估和故障预测奠定基础。数据分析技术主要有相关分析、回归分析和聚类分析等。

3.3.1 相关分析

一般来讲，设备的故障现象与故障模式，故障模式与故障原因之间总存在某种依存关系，当用变量来反映设备故障现象、故障模式和原因的特征时，便表现为变量之间的依存关系。变量之间的依存关系可以是函数关系，也可以是相关关系。函数关系是变量之间保持一一对应的特征，可以用函数准确表达变量之间的关系；相关关系是变量之间不能用函数精确表达，一个变量的取值不能由另一个变量唯一确定。相关分析是指在定性判断变量之间存在相关关系的基础上，用统计分析方法测定变量之间的关系的密切程度。

相关分析的目的就是揭示相关关系的表现形态，探求相关关系的数学形式，掌握相关关系的发展规律，了解相关关系的密切程度，预测相关关系的发展趋势，解决设备健康管理中的故障诊断和预测等问题。相关分析主要包含以下内容：

(1) 判断变量之间是否存在相关关系，以及相关关系的表现形态。为了判断变

量之间是否存在相关关系，首先需要收集反映事物发展变化的基本数据，然后将所研究变量的观察值以散点的形式绘制在相应的坐标系中，最后通过他们呈现出的特征，来判断变量之间是否存在相关关系，以及相关的形式、相关的方向和相关的程度等。

（2）确定相关关系的密切程度。在确定变量之间存在相关关系和表现形态后，还要对相关关系的密切程度进行定量分析，然后针对比较密切的相关关系，做进一步的分析研究。

（3）探求相关关系的数学方程式。针对比较密切的相关关系，采用科学的方法把自变量和因变量的数据关系，用近似的数学方程式表示，利用这种相关关系的数学方程式做出预测，可作为制订计划做出决策的依据。

（4）对测定的数学模型进行显著性检验。通过对数学模型的显著性检验来确保其符合实际且具有利用价值。一般包括两部分：一是模型相关性的显著性检验，是利用统计方法对建立的数学方程式的合理性进行显著性检验；二是自变量对因变量影响的显著性检验，对于建立的数学方程式，自变量对因变量的影响是否显著，可以作为判断某个自变量与因变量相关关系强弱的依据。

著名统计学家卡尔皮尔逊设计了反映两个变量之间线性相关程度和相关方向的指标，简单线性相关系数，其计算公式为

$$r=\frac{\sum(x-\overline{x})(y-\overline{y})}{\sqrt{\sum(x-\overline{x})^2}\sqrt{\sum(y-\overline{y})^2}} \tag{3-50}$$

相关系数的积分差计算公式为

$$r=\frac{\sigma_{xy}^2}{\sigma_x\sigma_y} \tag{3-51}$$

相关系数 r 说明了两个变量之间线性相关的方向和密切程度，具有以下特性：

（1）当 $r>0$ 时，表示 x 和 y 正相关。

（2）当 $r<0$ 时，表示 x 和 y 负相关。

（3）当 $r=0$ 时，表示 x 和 y 不相关。

（4）当 $r=1$ 时，表示 x 和 y 完全正相关。

（5）当 $r=-1$ 时，表示 x 和 y 完全负相关。

3.3.2　回归分析

数据回归分析是数据相关分析的深入，是在数据相关分析的基础上更加深入地研究数据之间的数量依存关系。通过相关分析，可以了解数据之间相关的方向和关联的密切程度，但无法得出其他有益的内容。而数据回归分析是对具有显著相关性的变量之间的一般关系进行测定，明确自变量和因变量，确定一个相关的数学表达

式，以便于进行估计或预测，在设备健康管理研究中更加重要。

3.3.2.1　一元线性回归分析

只有一个自变量，且自变量和因变量之间具有线性相关关系，这样的回归分析称为一元线性回归分析。

若对自变量和因变量进行 n 次观察或试验，得到 n 组样本数据（x_i，y_i），$i=1, 2, \cdots, n$。则回归方程 $\hat{y}=a+bx$，其中 a 为回归方程的截距，b 为回归方程的斜率，a、b 统称为回归系数。

利用最小乘法原理，令

$$Q=\sum_{i=1}^{n}(y_i-\hat{y}_i)^2=\sum_{i=1}^{n}(y_i-a-bx_i)^2=\sum_{i=1}^{n}\varepsilon_i^2 \tag{3-52}$$

取使 Q 达到最小的 $\hat{a}$、$\hat{b}$ 作为未知参数 a、b 的估计。由于 Q 为非负二次型，对 a、b 的偏导数存在，故可通过令 Q 对 a、b 的偏导数为零来求得

$$\begin{cases}\dfrac{\partial Q}{\partial a}=-2\displaystyle\sum_{i=1}^{n}(y_i-a-bx_i)=0\\ \dfrac{\partial Q}{\partial b}=-2\displaystyle\sum_{i=1}^{n}(y_i-a-bx_i)x_i=0\end{cases} \tag{3-53}$$

整理得到

$$\begin{cases}na+n\overline{x}b=n\overline{y}\\ n\overline{x}a+\displaystyle\sum_{i=1}^{n}x_i^2b=\sum_{i=1}^{n}x_iy_i\end{cases} \tag{3-54}$$

求解方程组得 a、b 的最小二乘估计为

$$\begin{cases}\hat{b}=\dfrac{\displaystyle\sum_{i=1}^{n}(x_i-\overline{x})(y_i-\overline{y})}{\displaystyle\sum_{i=1}^{n}(x_i-\overline{x})^2}\\ \hat{a}=\overline{y}-\hat{b}\overline{x}\end{cases} \tag{3-55}$$

3.3.2.2　一元非线性回归分析

一元线性回归要求因变量和自变量之间具有线性相关关系，而在实际系统中，许多客观事物之间不具有线性相关关系，而是非线性相关关系，即曲线关系。由于曲线相关比较复杂，通常将其进行某种变换变成线性相关，利用线性相关的原理和方法进行研究。

1. 指数曲线

指数曲线的数学方程式为

$$y=a\mathrm{e}^{bx} \tag{3-56}$$

对其多对数变换，得

$$\ln y=\ln a+bx \tag{3-57}$$

令 $y'=\ln y$，$a'=\ln a$，则式（3-57）可以写为

$$y'=a'+bx$$

用一元线性回归分析的原理，可以求解指数曲线方程中的回归系数。

2. 幂函数曲线

幂函数曲线的数学方程式为

$$y=ax^{b} \tag{3-58}$$

对式（3-58）进行对数变换，得

$$\ln y=\ln a+b\ln x \tag{3-59}$$

令 $y'=\ln y$，$a'=\ln a$，$x'=\ln x$，则式（3-59）可以写为 $y'=a'+bx'$，用一元线性回归分析的原理，可以求解幂函数曲线方程中的回归系数。

3. 双曲线

双曲线的数学方程式为

$$y=a+\frac{b}{x} \tag{3-60}$$

令 $x'=\dfrac{1}{x}$，则式（3-60）可以写为 $y=a+bx'$，用一元线性回归分析的原理，可以求解双曲线函数方程中的回归系数。

4. 对数函数曲线

对数函数曲线的数学方程式为

$$y=a+b\ln x \tag{3-61}$$

令 $x'=\ln x$，则式（3-61）可以写为 $y=a+bx'$，用一元线性回归分析的原理，可以求解对数函数方程中的回归系数。

3.3.2.3　多元线性回归分析

一元线性回归只考虑一个自变量对因变量的影响，而在实际系统中，影响因变量的因素有多个，需要进行多元回归分析。假设 x_1，x_2，…，x_n 都是影响因变量 y 的因素，并且它们与 y 之间有线性关系，则多元线性回归方程为

$$\hat{y}=a+b_1x_1+b_2x_2+\cdots+b_nx_n \tag{3-62}$$

利用最小二乘原理，有

$$Q=\sum_{i=1}^{m}(y_i-\hat{y}_i)^2=\sum_{i=1}^{m}[y_i-(a+b_1x_{i1}+b_2x_{i2}+\cdots+b_mx_{m1})]^2 \tag{3-63}$$

同理，得到

$$
\begin{cases}
\dfrac{\partial Q}{\partial a}=-2\sum\limits_{i=1}^{m}(y_i-a-b_1x_{i1}-b_2x_{i2}-\cdots-b_mx_{im})=0 \\
\dfrac{\partial Q}{\partial b_1}=-2\sum\limits_{i=1}^{m}(y_i-a-b_1x_{i1}-b_2x_{i2}-\cdots-b_mx_{im})x_{i1}=0 \\
\dfrac{\partial Q}{\partial b_2}=-2\sum\limits_{i=1}^{m}(y_i-a-b_1x_{i1}-b_2x_{i2}-\cdots-b_mx_{im})x_{i2}=0 \\
\dfrac{\partial Q}{\partial b_m}=-2\sum\limits_{i=1}^{m}(y_i-a-b_1x_{i1}-b_2x_{i2}-\cdots-b_mx_{im})x_{im}=0
\end{cases}
\tag{3-64}
$$

求解该方程组，可得到回归系数，从而得到回归方程。

3.3.3 聚类分析

在水轮发电机组 PHM 系统中，通常采用多个传感器对设备进行状态监测，由于选用的传感器种类和数量繁多，数据格式和含义各不相同，且故障模式和故障原因之间呈现一对多或多对多的关系，而这种关系又很难用一般的数学模型来表示，因此，需要采用聚类分析技术进行故障诊断。

聚类分析是指按照一定的标准对一组特征参数表示的样本群进行分类的过程。在聚类分析中，个体被称为样品，它表示事物；对象指标被称为变量，它表示对象的属性。与此相对应，聚类分析有两种类型，样品聚类和变量聚类，其基本思想是通过定义样品或变量的接近程度度量，并以此为基础将相近的样品或变量聚为一类。简单地说，聚类分析可以理解为“物以类聚”，即具有相似性的变量归为一类。变量被分到红、蓝、绿三个不同的簇中，对数据进行聚类后并得到簇后，一般会单独对每个簇进行深入分析，从而得到更加细致的结果。

距离与相似系数是样品近似程度常用的统计量。设 $\boldsymbol{X}=(X_1, X_2, \cdots, X_p)^{\mathrm{T}}$ 为所关心的 p 个指标，对其作 n 次观测得到 n 组数据，有

$$x_i=(x_{i1},x_{i2},\cdots,x_{ip})^{\mathrm{T}}, \quad i=1,2,\cdots,n$$

称这 n 组观测数据为 n 个样品。此时，每个样品可看成是 p 维空间中的一个点，n 个样品构成 p 维空间中的 n 个点，很显然，可用各点之间的距离来衡量各样品之间的靠近程度。设 $d(x_i, x_j)$ 为样品 x_i，x_j 之间的距离，则其应满足以下条件

(1) $d(x_i, x_j)\geqslant 0$，当 $x_i=x_j$ 时有 $d(x_i, x_j)=0$。

(2) $d(x_i, x_j)=d(x_j, x_i)$。

(3) $d(x_i, x_j)\leqslant d(x_i, x_k)+d(x_k, x_j)$。

绝对距离：

$$d(x_i,x_j)=\sum_{k=1}^{p}|x_{ik}-x_{jk}| \tag{3-65}$$

欧氏距离：

$$d(x_i,x_j)=\sqrt{\sum_{k=1}^{p}(x_{ik}-x_{jk})^2} \tag{3-66}$$

平方欧式距离：

$$d(x_i,x_j)=\sum_{k=1}^{p}(x_{ik}-x_{jk})^2 \tag{3-67}$$

闵可夫斯基距离：

$$d(x_i,x_j)=\sqrt[m]{\sum_{k=1}^{p}|x_{ik}-x_{jk}|^m} \tag{3-68}$$

切比雪夫距离：

$$d(x_i,x_j)=\max_{1\leqslant k\leqslant p}|x_{ik}-x_{jk}| \tag{3-69}$$

马氏距离：

$$d(x_i,x_j)=\sqrt{(x_i-x_j)^{\mathrm{T}}S^{-1}(x_i-x_j)} \tag{3-70}$$

式中　S——x_1，x_2，…，x_n 的协方差矩阵，有

$$S=\frac{1}{n-1}\sum_{i=1}^{n}(x_i-\bar{x})(x_i-\bar{x})^{\mathrm{T}} \tag{3-71}$$

夹角余弦：

$$r_{ij}=\cos(\theta_{ij})=\frac{\sum_{k=1}^{n}x_{ki}x_{kj}}{\sqrt{\sum_{k=1}^{n}x_{ki}^2}\sqrt{\sum_{k=1}^{n}x_{kj}^2}} \tag{3-72}$$

皮尔逊相似系数：

$$r_{ij}=\cos(\theta_{ij})=\frac{\sum_{k=1}^{n}(x_{ki}-\bar{x}_i)(x_{kj}-\bar{x}_j)}{\sqrt{\sum_{k=1}^{n}(x_{ki}-\bar{x}_i)^2}\sqrt{\sum_{k=1}^{n}(x_{kj}-\bar{x}_j)^2}} \tag{3-73}$$

问 题 与 思 考

1. 水轮发电机组稳定性监测主要监测哪些参数？
2. 数据清洗主要包含哪些内容？
3. 如何提高水轮机效率监测的准确性？

第4章　水轮发电机组健康状态评估技术

4.1　水轮发电机组健康状态评估概述

水轮发电机组健康状态是指在规定的条件下和规定的时间内，水轮发电机组能够保持一定的可靠性水平，并稳定持续完成发电的能力。从某种程度上说，水轮发电机组的健康状态，是指水轮发电机组保持一定可靠性和维修性水平的能力，是水轮发电机组在服役期内可靠度和维修度保持在一定范围的置信水平。保持一定的可靠性水平，是指在今后较长的时间内，水轮发电机组能够正常工作；保持一定维修性水平是指即使在接下来的时间内发生故障，水轮发电机组也能在较短的时间内恢复。

4.1.1　健康状态的影响因素

水轮发电机组的健康状态体现了水轮发电机组能否完成发电任务的需要及其满足程度。良好的健康状态是水轮发电机组保持和发挥发电能力的保证。影响水轮发电机组健康状态的因素大致可划分为不可控因素和可控因素两大类。其中不可控因素主要包括水轮机和发电机等设备自身因素和环境因素，设备自身因素主要有设备部件质量、设备性能缺陷、设备结构问题和设备服役时间；环境因素主要是水轮发电机组的工作环境，如水力扰动、压力脉动和环境湿度等。可控因素主要是人为因素，主要包括管理人员落后的管理方式、操作人员不正确的操作方式和检维修人员不合适的检维修方式。

4.1.2　健康状态评估的特点

水轮发电机组的健康状态评估是水电机组 PHM 系统的一项重要功能。对设备的健康状态做出正确的评估，不仅能为设备的故障预测和检维修决策提供依据，而且能为设备的精确化检维修提供技术支持。一般来讲，水轮发电机组设备健康状态评估具有以下特点：

（1）水轮发电机组的健康状态评估是一个多属性评估。设备的健康状态不仅是设备技术状态的反应，而且与设备使用环境、服役时间、利用小时数和检维修历史等密不可分。同时本身的技术状态也是多个特征参数的综合，如导轴承的油液颗粒度、压力和温度等。因此，在进行设备的健康状态评估时，需要综合考虑其状态特征参数和各种影响因素。

（2）水轮发电机组的健康状态评估是一个动态性评估。设备健康状态评估是一个持续的过程，当设备运行时间过长时，通过评估来确定其可否继续运行发电。在对设备进行检修维护后，通过评估确定其状态恢复的程度。因此需要针对不同的情况适时进行水轮发电机组健康状态评估。

（3）水轮发电机组健康状态评估是一个约束性评估。水轮发电机组物理结构的复杂性、状态劣化过程的随机性和故障影响的传递性，要求在进行设备健康状态评估时，要考虑设备的物理结构关系和设备性能的劣化程度。

（4）水轮发电机组健康状态评估是一个层次性评估。从设备的约定层次上可将装备的层次结构分为系统层、设备层、模块层、组合件和零部件等。下一层的健康状态直接影响上一层的健康状态，上一层的健康状态是对下一层健康状态的综合。因此在进行设备健康状态评估时，要从被监测对象出发，从下到上依次进行健康状态评估。

4.1.3　健康状态评估常用方法

水轮发电机组健康状态评估技术的核心是评估方法，要针对特定研究对象的特点选取相适应的评估方法来展开评估。常用的健康状态评估方法有模型法、层次分析法、模糊评判法、人工神经网络法和贝叶斯网络法等。

1. *模型法*

模型法是指通过建立被研究对象的物理或数学模型进行评估的方法，其优点是评估结果可信度高，但主要不足是建模过程比较复杂，模型验证较为困难，且随着评估对象的变化要对模型进行修正，因此该方法的应用范围受到限制。

2. *层次分析法*

层次分析法是美国著名运筹学家 Thomas. L. Satty 提出的将半定性和半定量复杂问题转化为定量计算的一种有效决策方法。它可以将一个复杂问题表述为有序的递阶层次结构，并通过确定同一层次中各评估指标的初始权重，将定性因素定量化，在一定程度上减少了主观影响，使评估更趋科学化。

3. *模糊评判法*

由于设备的健康状态往往具有不确定性，此时传统的精确评估方法无法适用，需要运用模糊评判方法进行评估。模糊评判法的一般步骤是：首先建立评估指标的因素集 $U=(U_1, U_2, \cdots, U_n)$ 和合理的评判集 $V=(V_1, V_2, \cdots, V_m)$，然后通过专家评定或其他方法获得模糊评估矩阵 $\boldsymbol{R}=(r_{ij})_{n\times m}$，再利用合适的模糊算子进行模糊变换运算，最后获得最终的综合评估结果。

4. 人工神经网络法

人工神经网络法是在物理机制上模拟人脑信息处理机制的信息系统，它不但具有处理数值数据的一般计算能力，而且还具有处理知识的思维学习和记忆能力。人工神经网络法的一般步骤是：首先构建人工神经网络模型，然后利用训练样本对人工神经网络进行训练，最后利用训练好的网络进行评估分析。

5. 贝叶斯网络法

贝叶斯网络又称信度网络，是贝叶斯方法的拓展，是一种新的不确定知识表达模型，具有良好的知识表达框架，是当今人工智能领域不确定知识表达和推理技术的主流方法，被认为是目前不确定知识表达和推理领域最有效的理论模型。其主要特点是易于学习因果关系，易于实现领域知识与数据信息的融合，便于处理不完整数据问题。

4.2 水轮发电机组健康状态的分级

由于设备健康状态的影响因素众多，既包括设备自身因素，也包括人为因素，且与地理环境和气候因素等密切相关，很难做出统一的定量描述。而故障模式、影响和危害性分析（failure mode，effects and criticality analysis，FMECA）方法通过对设备每一约定层次的故障模式、原因及其影响分析并建立各个约定层次之间的迭代关系，可得到设备由正常状态发展为故障状态的各系统各层次的影响因素，因此可利用 FMECA 结果进行设备健康状态评估。

4.2.1 健康状态分级原则

健康状态分级是设备健康状态评估的一个重要环节，但目前对于设备健康状态分级比较混乱，分级数量不同，分类称呼也不相同，对各个研究对象尚未形成较为统一的分级理论，而且过于依赖专家知识和经验，主观性过强。因此规范健康状态等级分类有助于健康状态评估的发展。设备健康状态分级的目的是健康状态评估，并最终用于故障预测和检修决策。为更好地开展设备健康状态评估，设备健康状态分级应遵循以下原则：

（1）目的性原则。设备健康状态分级要与健康状态评估的目的紧密相关。若健康状态评估的目的只是为了判断设备的好坏，则可将健康状态分为正常和故障两级；若健康评估目的还包含状态预警，则可将健康状态分为正常、注意和异常三级。若健康状态评估的目的还包含故障预测和检修决策，则可将状态分为更多的级别，如正常、注意、异常和危险等。

（2）可分性原则。设备健康状态分级需确保各种状态可正确区分。设备健康状态评估的结果是明确设备当前所处的状态，这就要求各状态所描述的范围不能过宽，且要保证各状态之间无交叉重叠，也就是说设备健康状态分级不能过细，也不能过粗。一般来讲，水轮发电机组健康状态评估可以分为正常、注意、异常和危险四级。

（3）可用性原则。设备健康状态分级要确保其状态评估结果可用。设备健康状态评估是为故障预测和检修决策服务的，也就是说，要根据健康状态评估结果做出相应的决策和行动，这就要求每一种状态都必须与相应的决策或行动相对应，如设备处于健康状态，则无须对其进行检修；处于注意状态则需安排检修；处于恶化状态则需尽快进行检修等。

4.2.2　健康状态等级划分方法

设备健康状态等级划分就是合理确定设备健康状态等级，根据设备健康状态的影响因素和分级原则，可按照以下的方法和步骤进行设备健康状态等级划分。

（1）设备状态特征参数选择。一般来讲，不同类型的设备具有不同的性能参数，且同一种设备可用多个性能参数去描述，因此要依据设备健康管理要求在对各个性能参数进行分析的基础上，依据综合性、可测性和独立性要求，选择用于表征设备健康状态的性能参数作为状态特征参数。

（2）设备故障演化规律分析。不同类型的设备具有不同的故障模式，其演化过程也不相同。因此要针对不同类型装备、不同故障模式的演化过程进行状态特征参数变化规律分析，如电子部件性能参数变化规律、机械部件裂纹扩展规律和旋转部件振动变化规律等。

（3）设备故障阈值的确定。由于不同类型的设备具有不同的状态特征参数，如电压、电流、振幅、压力和温度等，需要针对具体的设备工作状况，通过试验或仿真等方法，确定各种状态特征参数的正常值或范围、注意值和故障阈值等。

（4）装备健康状态的划分。根据设备健康状态评估的目的和要求，依据健康状态分级原则，合理确定设备健康状态等级和数量，并给出设备健康状态等级的定义及评判准则。

（5）健康状态等级的验证。依据确立的健康状态等级和判定准则，结合试验和实际的状态数据进行设备健康状态等级分类的合理性和有效性验证。

4.2.3　健康状态等级描述

随着水轮发电机组设备技术和检修理论的发展，采用“故障”和“正常”二值函数来描述水轮发电机组的健康状态已难以满足实际需求。一般来讲，依据健康状态分级原则，从健康管理的角度将水轮发电机组健康技术状态分为五级：健康、良好、注意、异常和危险。

（1）健康状态。健康状态表示所有参数的监测数据均在允许范围之内，且所有参数的监测数据均远离阈值或在标准值以内，并可以适当延长检修周期或者缩短检修工期、调整检修项目。

（2）良好状态。良好状态表示所有参数的监测数据均在允许范围之内，虽然参数数据并没有像健康状态那样远离阈值，但没有朝限值发展的趋势。

（3）注意状态。注意状态是特征参数偏离正常运行值，变化趋势朝接近标准限值方向发展，但未超过标准限值，可按正常周期安排检修，并根据设备实际状态增加必要的检修或测试项目。

（4）异常状态。异常状态是指特征参数超过标准限值，应该适时安排检修。

（5）危险状态。危险状态是特征参数严重超出标准限值，应该立即安排检修。

4.3　基于 FMECA -劣化度的水轮发电机组健康状态评估

水轮发电机组状态评估方法主要有基于 FMECA 的状态评估方法、基于劣化度的状态评估方法和基于智能算法的状态评估方法。针对水轮发电机组故障样本少及需要专家经验判断的特点，智能算法状态评估方法还无法全面地对水轮发电机组整体健康情况做出科学的评价，而基于 FMECA 的状态评估方法和基于劣化度的状态评估方法又分别存在分析因素单一和主观性较强的缺陷。针对上述问题，本书提出将 FMECA 和劣化度融合的方法，结合两者优势，首先对水轮发电机组设备开展 FMECA 分析，然后确定对故障模式影响较大部件，再对该部件开展劣化度分析，最后确定设备健康状态。计算结果表明，本书所提的基于 FMECA -劣化度的水轮发电机组状态评估方法能够准确全面地对机组进行状态评估，评估结果符合实际情况，能够给运维人员提供技术指导和参考。

4.3.1　基于 FMECA 方法的健康状态评估原理

基于 FMECA 方法的设备健康状态评估的实施步骤是：首先从 FMECA 报告的分析结果中提取健康状态的影响因素，并进行归一化处理；然后根据影响因素的类型，由健康状态隶属函数得到健康状态隶属度向量，则可对单因素影响下的健康状态等级做出判断；再以健康状态隶属度向量作为输入，采用灰色关联分析法求得各因素权重；最后通过模糊综合评估模型得到在各因素综合影响下的设备健康等级。

（1）健康状态影响因素归一化。对于越大越优型指标，其归一化公式为

$$x_i'=\frac{x_i-x_i^{\min}}{x_i^{\max}-x_i^{\min}} \tag{4-1}$$

对于越小越优型指标，其归一化公式为

$$x_i'=1-\frac{x_i-x_i^{\min}}{x_i^{\max}-x_i^{\min}} \tag{4-2}$$

式中　x_i——第 i 个影响因素的实际值；

x_i'——x_i 的归一化值；

$x_i^{\max}$，$x_i^{\min}$——x_i 的最大值和最小值。

（2）健康状态等级的向量化。一般可将设备的健康状态分为健康、良好、注意、异常和危险五级。则各个健康状态等级的向量化表示分别为 $\boldsymbol{v}_0(1)=(1,0,0,0,0)$、$\boldsymbol{v}_0(2)=(0,1,0,0,0)$、$\boldsymbol{v}_0(3)=(0,0,1,0,0)$、$\boldsymbol{v}_0(4)=(0,0,0,1,0)$ 和 $\boldsymbol{v}_0(5)=(0,0,0,0,1)$。

（3）确定单因素下设备健康状态等级。根据影响因素的类型选择合适的健康状态等级隶属度分布函数，并计算该影响因素隶属于不同健康状态等级的隶属度向量 $\boldsymbol{v}_i$，则依据最大隶属度原则可确定该影响因素影响下的设备健康状态等级。

（4）求解单因素健康状态隶属度向量与各个健康状态等级向量的关联系数

$$\xi_{ij}=\frac{\min\limits_i\min\limits_j|\boldsymbol{v}_0(j)-\boldsymbol{v}_i(j)|+0.5\max\limits_i\max\limits_j|\boldsymbol{v}_0(j)-\boldsymbol{v}_i(j)|}{|\boldsymbol{v}_0(j)-\boldsymbol{v}_i(j)|+0.5\max\limits_i\max\limits_j|\boldsymbol{v}_0(j)-\boldsymbol{v}_i(j)|} \tag{4-3}$$

式中　ξ_{ij}——$\boldsymbol{v}_i$ 和 $\boldsymbol{v}_0$ 在第 j 种健康状态时的关联系数；

$\boldsymbol{v}_i(j)$——第 i 个因素影响下隶属于第 j 种健康状态的隶属度向量；

$\boldsymbol{v}_0(j)$——第 j 种健康状态等级向量；

$\min\limits_i\min\limits_j|\boldsymbol{v}_0(j)-\boldsymbol{v}_i(j)|$——二级最小差；

$\max\limits_i\max\limits_j|\boldsymbol{v}_0(j)-\boldsymbol{v}_i(j)|$——二级最大差。

（5）求解单因素健康状态隶属度向量与各个健康等级向量的关联度：

$$r_{ij}=\frac{1}{5}\sum_{i=1}^{5}\xi_{ij} \tag{4-4}$$

（6）计算影响因素的权重。设单因素与各个健康状态等级的关联度均值为

$$r'_{ij}=\frac{1}{5}\sum_{i=1}^{5}r_{ij} \tag{4-5}$$

则由各个单因素与健康状态等级的关联度均值就可得到各因素的权重向量 $\boldsymbol{R}$。

(7) 确定设备健康状态等级。利用模糊综合评估模型可得到多因素影响下的设备健康状态隶属度向量为

$$H=\boldsymbol{R}V \tag{4-6}$$

根据隶属度最大原则可确定设备的健康状态等级。

4.3.2 基于劣化度的健康状态评估原理

(1) 劣化度的概念。劣化度可定义为设备状态偏离了良好状态向极限技术状态发展的程度，即

$$L=L(l_1,l_2,\cdots,l_n) \tag{4-7}$$

因此，在衡量劣化程度时，要同时考察参数实测值与良好值的偏离程度以及与极限值的接近程度。

(2) 劣化度的计算。常用的劣化度计算方法有以下三种。

方法一：根据状态监测数据计算劣化度。对于第 i 个状态特征参数，其劣化度计算公式为

$$l_i=[(C_i-A_i)/(B_i-A_i)]^k \tag{4-8}$$

式中 A_i——第 i 个状态特征参数的出厂允许值，值取自设备检测标准，它根据设备设计使用和维修说明书或根据实际经验来确定；

B_i——第 i 个状态特征参数的极限值，值取自设备检测标准，它根据设备设计使用和维修说明书或根据实际经验来确定；

C_i——第 i 个状态特征参数的实测值；

k——指数，它反映第 i 个状态特征参数的变化对设备功能的影响程度，一般情况下可取2。

方法二：由技术人员打分估计，即

$$l_i=(X_iP_1+Y_iP_2+Z_iP_3)/(P_1+P_2+P_3) \tag{4-9}$$

式中 X_i，Y_i，Z_i——技术人员、检修人员和操作人员对第 i 个状态特征参数的打分值，其值介于0～1之间，0代表健康，1代表完全劣化；

P_1、P_2、P_3——技术人员、检修人员和操作人员的权重，其值反映打分人员的水平和权威性。

方法三：根据设备实际使用时间计算劣化度。对于难以监测和检测的设备，若状态特征参数的变化与时间之间具有近似的线性关系，并已知其平均故障间隔期的统计值。则其劣化度计算公式为

$$l_i=(t/T)^k \tag{4-10}$$

式中　t——设备的使用时间；

T——设备的平均故障间隔时间；

k——故障指数，通常可取1或2。

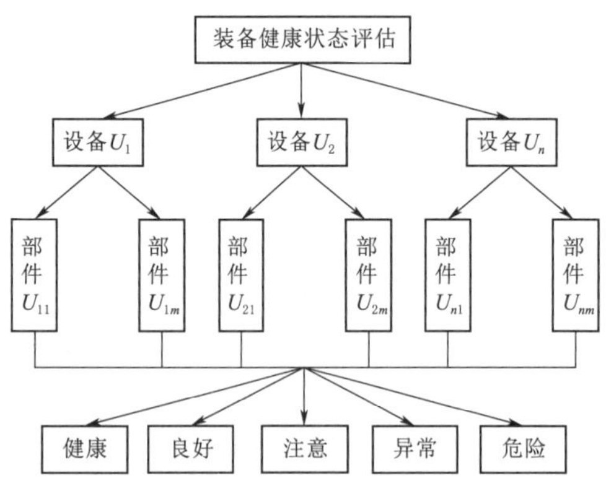

图4-1　装备健康状态模糊综合评价模型

（3）健康状态评估模型。基于劣化度的设备健康状态评估可以对零部件的健康状态和设备总体的健康状态进行评估。当设备的劣化度接近0时，则认为该设备处于健康状态。若劣化度接近或达到了1，则认为该设备处于极限状态。当劣化值为0～1时，则认为是中间过渡状态。由于设备的状态是一个模糊的概念，故采用劣化度为依据的模糊综合评价方法进行设备健康状态评估，其模糊综合评价模型如图4-1所示。

由图可知，设备的健康状态由各组成部件的健康状态决定，因此要进行设备健康状态评估，先要进行部件状态评估，再进行设备健康状态评估。

4.3.3　基于FMECA-劣化度的健康状态评估原理

因为设备都是由各个部件组成的，具有鲜明的层次结构的特点，而其健康状态可能是正常，也可能是异常，还可能处于过渡状态，具有鲜明的模糊特性，所以，可以将FMECA和劣化度两种方法加以融合，并结合层次分析法和模糊评价理论开展状态评估，基于FMECA-劣化度的健康状态评估过程如下：

第一步：建立设备状态集和状态评价集。

若某装备可以划分为n个部件，则装备整体的状态集可表示为$\boldsymbol{U}=\{U_1, U_2, U_3, \cdots, U_n\}$，相应的第$i$个设备的状态集为$\boldsymbol{U}_i=\{U_{i1}, U_{i2}, U_{i3}, \cdots, U_{im}\}$。其中$\boldsymbol{U}_i$表示装备第$i$个设备的状态，$\boldsymbol{U}_{ij}$表示第$i$个设备的第$j$个部件的状态。健康状态分为“健康”“良好”“注意”“异常”“危险”5个等级，则状态评价集可表示为$\mathbf{V}=\{\text{Ⅰ}, \text{Ⅱ}, \text{Ⅲ}, \text{Ⅳ}, \text{Ⅴ}\}$。

第二步：计算设备和部件的权重。

确定设备的重要度权重向量$\boldsymbol{W}=\{W_1, W_2, W_3, \cdots, W_n\}$和部件的重要度权重向量$\boldsymbol{W}_i=\{W_{i1}, W_{i2}, W_{i3}, \cdots, W_{im}\}$。

第三步：建立部件级劣化度模糊判断矩阵。采用岭形分布隶属度函数，即

$$r_{\mathrm{I}}(l_i)=\begin{cases}1 & ,l_i=0\\0.5-0.5\sin[\pi(l_i-0.10)/0.2] & ,0<l_i\leqslant 0.2\\0 & ,l_i>0.2\end{cases} \tag{4-11}$$

$$r_{\mathrm{II}}(l_i)=\begin{cases}0 & ,l_i=0\\0.5+0.5\sin[\pi(l_i-0.10)/0.2] & ,0<l_i\leqslant 0.2\\0.5-0.5\sin[\pi(l_i-0.35)/0.3] & ,0.2<l_i\leqslant 0.5\\0 & ,l_i>0.5\end{cases} \tag{4-12}$$

$$r_{\mathrm{III}}(l_i)=\begin{cases}0 & ,l_i\leqslant 0.2\\0.5+0.5\sin[\pi(l_i-0.35)/0.3] & ,0.2<l_i\leqslant 0.5\\0.5-0.5\sin[\pi(l_i-0.65)/0.3] & ,0.5<l_i\leqslant 0.8\\0 & ,l_i>0.8\end{cases} \tag{4-13}$$

$$r_{\mathrm{IV}}(l_i)=\begin{cases}0 & ,l_i\leqslant 0.5\\0.5+0.5\sin[\pi(l_i-0.65)/0.3] & ,0.5<l_i\leqslant 0.8\\0.5-0.5\sin[\pi(l_i-0.90)/0.2] & ,0.8<l_i<1\\0 & ,l_i=1\end{cases} \tag{4-14}$$

$$r_{\mathrm{V}}(l_i)=\begin{cases}0 & ,l_i\leqslant 0.8\\0.5+0.5\sin[\pi(l_i-0.90)/0.2] & ,0.8<l_i<1\\1 & ,l_i=1\end{cases} \tag{4-15}$$

由此可以得到以劣化度为评价标准的模糊评价矩阵为

$$\boldsymbol{R}_i=\begin{bmatrix}r_{\mathrm{I}}(l_{i1}) & r_{\mathrm{II}}(l_{i1}) & r_{\mathrm{III}}(l_{i1}) & r_{\mathrm{IV}}(l_{i1}) & r_{\mathrm{V}}(l_{i1})\\r_{\mathrm{I}}(l_{i2}) & r_{\mathrm{II}}(l_{i2}) & r_{\mathrm{III}}(l_{i2}) & r_{\mathrm{IV}}(l_{i2}) & r_{\mathrm{V}}(l_{i2})\\r_{\mathrm{I}}(l_{i3}) & r_{\mathrm{II}}(l_{i3}) & r_{\mathrm{III}}(l_{i3}) & r_{\mathrm{IV}}(l_{i3}) & r_{\mathrm{V}}(l_{i3})\\\vdots & \vdots & \vdots & \vdots & \vdots\\r_{\mathrm{I}}(l_{im}) & r_{\mathrm{II}}(l_{im}) & r_{\mathrm{III}}(l_{im}) & r_{\mathrm{IV}}(l_{im}) & r_{\mathrm{V}}(l_{im})\end{bmatrix} \tag{4-16}$$

第四步：计算设备的健康状态评估矩阵。

设备的健康状态模糊评价矩阵为

$$\boldsymbol{B}=\begin{bmatrix}B_1\\B_2\\\vdots\\B_n\end{bmatrix} \tag{4-17}$$

其中，第 i 个组成设备的健康状态隶属度向量为

$$\boldsymbol{B}_i=W_i\cdot R_i=[b_{i\mathrm{I}}\quad b_{i\mathrm{II}}\quad b_{i\mathrm{III}}\quad b_{i\mathrm{IV}}\quad b_{i\mathrm{V}}]\quad ,i=1,2,3,\cdots,n \tag{4-18}$$

第五步：计算装备的健康状态评估向量。

装备的健康状态评估向量为

$$\boldsymbol{E}=\boldsymbol{W}\boldsymbol{B}=[b_{\mathrm{I}} \quad b_{\mathrm{II}} \quad b_{\mathrm{III}} \quad b_{\mathrm{IV}} \quad b_{\mathrm{V}}] \tag{4-19}$$

第六步：按照最大隶属度确定装备的健康状态。

4.4 应 用 举 例

将某水电站水轮机划分为 4 个子系统，分别是导水机构、水导轴承、过流部件和主轴密封。子系统导水机构由 4 个部件组成，分别是活动导叶、拐臂连杆、剪断销和控制环；子系统水导轴承由 5 个部件组成，分别是冷却器、油脂、水导瓦、摆度测量装置和油槽；子系统过流部件由 5 个部件组成，分别是转轮、顶盖、进人门、蜗壳尾水管和固定导叶；子系统主轴密封由 4 个部件组成，分别是密封块、供水系统、空气围带和支座。

（1）建立水轮机状态集合状态评价集。由水轮机的组成结构可得，其状态集为

$$\boldsymbol{U}=\{U_1,U_2,U_3,U_4\}$$
$$\boldsymbol{U}_1=\{U_{11},U_{12},U_{13},U_{14}\}$$
$$\boldsymbol{U}_2=\{U_{21},U_{22},U_{23},U_{24},U_{25}\}$$
$$\boldsymbol{U}_3=\{U_{31},U_{32},U_{33},U_{34},U_{35}\}$$
$$\boldsymbol{U}_4=\{U_{41},U_{42},U_{43},U_{44}\}$$

设定水轮机的健康状态等级分为“健康”“良好”“注意”“异常”和“危险”5 个等级，则状态等级评价集为：$\boldsymbol{V}=\{\mathrm{I},\ \mathrm{II},\ \mathrm{III},\ \mathrm{IV},\ \mathrm{V}\}$。

（2）确定子系统和部件的权重。通过对该电站水轮机的资料分析，以及对技术人员关于对各个部件重要程度的分析结果，并采用分层分析法，最终确定各个子系统及部件权重见表 4-1。

表 4-1　水轮机子系统及部件权重

对　象	子系统	权重 W_i	部　件	权重 W_{ij}
水轮机	导水机构 U_1	0.319	活动导叶 U_{11}	0.476
			拐臂连杆 U_{12}	0.200
			剪断销 U_{13}	0.162
			控制环 U_{14}	0.162
	水导轴承 U_2	0.145	冷却器 U_{21}	0.220
			油脂 U_{22}	0.170
			水导瓦 U_{23}	0.320
			摆度测量装置 U_{24}	0.140

续表

对 象	子系统	权重 W_i	部 件	权重 W_{ij}
水轮机	水导轴承 U_2	0.145	油槽 U_{25}	0.150
	过流部件 U_3	0.412	转轮 U_{31}	0.310
			顶盖 U_{32}	0.150
			进人门 U_{33}	0.140
			蜗壳尾水管 U_{34}	0.230
			固定导叶 U_{35}	0.170
	主轴密封 U_4	0.124	密封块 U_{41}	0.315
			供水系统 U_{42}	0.325
			空气围带 U_{43}	0.204
			支座 U_{44}	0.156

(3) 建立部件的模糊判断矩阵。根据各部件状态特征参数，可得水轮机各部件劣化度见表 4-2。

表 4-2　　　　水轮机各部件劣化度

对 象	子系统	部 件	劣化度 l_{ij}
水轮机	导水机构 U_1	活动导叶 U_{11}	0.169
		拐臂连杆 U_{12}	0.258
		剪断销 U_{13}	0.091
		控制环 U_{14}	0.412
	水导轴承 U_2	冷却器 U_{21}	0.311
		油脂 U_{22}	0.178
		水导瓦 U_{23}	0.403
		摆度测量装置 U_{24}	0.072
		油槽 U_{25}	0.276
	过流部件 U_3	转轮 U_{31}	0.319
		顶盖 U_{32}	0.150
		进人门 U_{33}	0.158
		蜗壳尾水管 U_{34}	0.243
		固定导叶 U_{35}	0.656
	主轴密封 U_4	密封块 U_{41}	0.568
		供水系统 U_{42}	0.432
		空气围带 U_{43}	0.380
		支座 U_{44}	0.147

由各部件的劣化度值，计算各个部件劣化度的隶属度，则可建立部件的模糊判断矩阵为

$$\boldsymbol{R}_1=\begin{bmatrix}0.054 & 0.951 & 0 & 0 & 0\\ 0 & 0.910 & 0.096 & 0 & 0\\ 0.575 & 0.419 & 0 & 0 & 0\\ 0 & 0.206 & 0.789 & 0 & 0\end{bmatrix}$$

$$\boldsymbol{R}_2=\begin{bmatrix}0 & 0.701 & 0.297 & 0 & 0\\ 0.025 & 0.976 & 0 & 0 & 0\\ 0 & 0.251 & 0.749 & 0 & 0\\ 0.502 & 0.499 & 0 & 0 & 0\\ 0 & 0.835 & 0.166 & 0 & 0\end{bmatrix}$$

$$\boldsymbol{R}_3=\begin{bmatrix}0 & 0.649 & 0.339 & 0 & 0\\ 0.206 & 0.794 & 0 & 0 & 0\\ 0.025 & 0.976 & 0 & 0 & 0\\ 0 & 0.905 & 0.094 & 0 & 0\\ 0 & 0 & 0.653 & 0.346 & 0\end{bmatrix}$$

$$\boldsymbol{R}_4=\begin{bmatrix}0 & 0 & 0.934 & 0.066 & 0\\ 0 & 0.025 & 0.976 & 0 & 0\\ 0 & 0.297 & 0.704 & 0 & 0\\ 0.096 & 0.905 & 0 & 0 & 0\end{bmatrix}$$

（4）进行子系统的模糊综合评判：

$$\begin{aligned}\boldsymbol{B}_1&=\boldsymbol{W}_1\boldsymbol{R}_1\\ &=[0.476\quad 0.200\quad 0.162\quad 0.163]\begin{bmatrix}0.054 & 0.951 & 0 & 0 & 0\\ 0 & 0.910 & 0.096 & 0 & 0\\ 0.575 & 0.419 & 0 & 0 & 0\\ 0 & 0.206 & 0.789 & 0 & 0\end{bmatrix}\\ &=[0.119\quad 0.736\quad 0.148\quad 0\quad 0]\end{aligned}$$

$$\begin{aligned}\boldsymbol{B}_2&=\boldsymbol{W}_2\boldsymbol{R}_2\\ &=[0.220\quad 0.170\quad 0.320\quad 0.140\quad 0.150]\begin{bmatrix}0 & 0.701 & 0.297 & 0 & 0\\ 0.025 & 0.976 & 0 & 0 & 0\\ 0 & 0.251 & 0.749 & 0 & 0\\ 0.502 & 0.499 & 0 & 0 & 0\\ 0 & 0.835 & 0.166 & 0 & 0\end{bmatrix}\\ &=[0.075\quad 0.596\quad 0.330\quad 0\quad 0]\end{aligned}$$

$\boldsymbol{B}_3=\boldsymbol{W}_3\boldsymbol{R}_3$

$$=[0.310\quad 0.150\quad 0.140\quad 0.230\quad 0.170]\begin{bmatrix}0 & 0.649 & 0.339 & 0 & 0\\0.206 & 0.794 & 0 & 0 & 0\\0.025 & 0.976 & 0 & 0 & 0\\0 & 0.905 & 0.094 & 0 & 0\\0 & 0 & 0.653 & 0.346 & 0\end{bmatrix}$$

$$=[0.034\quad 0.665\quad 0.238\quad 0.058\quad 0]$$

$\boldsymbol{B}_4=\boldsymbol{W}_4\boldsymbol{R}_4$

$$=[0.315\quad 0.325\quad 0.204\quad 0.156]\begin{bmatrix}0 & 0 & 0.934 & 0.066 & 0\\0 & 0.025 & 0.976 & 0 & 0\\0 & 0.297 & 0.704 & 0 & 0\\0.096 & 0.905 & 0 & 0 & 0\end{bmatrix}$$

$$=[0.015\quad 0.210\quad 0.755\quad 0.021\quad 0]$$

于是可以得到子系统的模糊综合判断矩阵为

$$\boldsymbol{B}=\begin{bmatrix}\boldsymbol{B}_1\\\boldsymbol{B}_2\\\vdots\\\boldsymbol{B}_n\end{bmatrix}=\begin{bmatrix}0.119 & 0.736 & 0.148 & 0 & 0\\0.075 & 0.596 & 0.330 & 0 & 0\\0.034 & 0.665 & 0.238 & 0.058 & 0\\0.015 & 0.210 & 0.755 & 0.021 & 0\end{bmatrix}$$

（5）进行装备系统的模糊综合评判

$\boldsymbol{E}=\boldsymbol{W}\boldsymbol{B}$

$$=[0.319\quad 0.145\quad 0.412\quad 0.124]\begin{bmatrix}0.119 & 0.736 & 0.148 & 0 & 0\\0.075 & 0.596 & 0.330 & 0 & 0\\0.034 & 0.665 & 0.238 & 0.058 & 0\\0.015 & 0.210 & 0.755 & 0.021 & 0\end{bmatrix}$$

$$=[0.065\quad 0.621\quad 0.287\quad 0.027\quad 0]$$

从模糊综合评价结果可以得到该电站水轮机健康状态属于健康、良好、注意、异常、危险的程度分别为0.065、0.621、0.287、0.027、0，依据隶属度最大原则，可以判断该水轮机处于“良好”状态。

问题与思考

1. 水轮发电机组健康状态的影响因素都有哪些？

2. 水轮发电机组健康状态评估的方法都有哪些？各自有哪些特点？

3. 基于FMECA和基于劣化度的健康状态评估方法，都有何特点？

第5章 水轮发电机组故障数智诊断技术

水轮发电机组故障诊断方法一般可归纳为基于测试数据的故障诊断方法、基于经验知识的故障诊断方法和基于数据驱动的故障诊断方法三类。本章主要针对常见的基于数据驱动的支持向量机算法和神经网络算法进行介绍，并以实例对基于测试数据和智能算法的方法进行分析。

5.1 基于SVM的数智诊断方法

支持向量机（support vector machine，SVM）是在统计学理论上发展起来的分类方法，能够较好地解决小样本学习问题。对支持向量机的研究主要集中在理论研究、训练算法、支持向量机的扩展与变种、应用研究等方面。支持向量机主要应用在模式识别、趋势预测、函数拟合和概率密度估计等方面。在水轮发电机组机械故障诊断领域，SVM主要被用于故障智能分类和运行状态趋势预测。本节将对SVM在故障诊断方面的应用做介绍，在故障预测方面的介绍将在第6章中介绍。

5.1.1 统计学习理论

统计学习理论是针对少样本统计估计和预测学习的理论。它从理论上较系统地研究了经验风险最小化原则成立的条件、有限样本下经验风险与期望风险的关系及如何利用这些理论找到新的学习原则和方法等问题。

5.1.1.1 VC维

VC维是统计学习理论中关于函数集学习性能的最重要的指标。它的直观定义是：对一个指示函数集，如果存在h个样本能够被函数集中的按所有可能的2^h种形式分开，则称函数集能够把h个样本打散；函数集的VC维就是它能打散的最大样本数目h。若对任意数目的样本都有函数能将它们打散，则函数集的VC维是无穷大的。有界实函数的VC维可以通过用一定的阈值将它转化成指示函数来定义。VC维反映了函数集的学习能力，VC 维越大则学习机器越复杂。但是，目前尚没有通用的关于任意函数集 VC 维计算的理论，只对一些特殊的函数集知道其 VC 维。比如在 n 维实数空间中线性分类器和线性实函数的 VC 维是 $n+1$，而正弦函数 $f(x, a)=\sin(ax)$ 的 VC 维则为无穷大。在水轮发电机组机械故障诊断中，无论是直接采集的原始数据样本，还是经特征提取后得到的特征数据样本，都是复杂的离散数据，其 VC 维的计算都很困难。

5.1.1.2 推广性的界

统计学习理论中关于经验风险和实际风险之间重要关系的结论，称为推广性的界，它们是分析学习机器性能和发展新的学习算法的重要基础。

对于学习机器 $f(x, \omega)$，统计学习理论从以下三种情况讨论经验风险与期望风险之间的关系。

（1）完全有界函数集：$A \leqslant f(x, \omega) \leqslant B$。

（2）完全有界非负函数集：$0 \leqslant f(x, \omega) \leqslant B$。

（3）无界非负函数集：$0 \leqslant f(x, \omega)$。

对指示函数集中所有函数（包括使经验风险最小的函数），经验风险 $R_{\text{emp}}(\omega)$ 和实际风险 $R(\omega)$ 之间以至少 $1-\eta$ 的概率满足如下关系：

$$R(\omega) \leqslant R_{\text{emp}}(\omega) + \sqrt{\frac{h[\ln(2n/h)+1]-\ln(\eta/4)}{n}} \tag{5-1}$$

式中 h——函数集的 VC 维；

n——数据样本的个数。

学习机器的实际风险由两部分组成，一部分是经验风险（训练误差），另一部分称为置信范围，它和学习机器的 VC 维 h 及训练样本数 n 有关。式（5-1）给出了经验风险和实际风险之间差距的上界，反映了根据经验风险最小化原则得到的学习机器的推广能力，因此称为推广性的界。推广性的界是对于最坏情况的结论，在很多情况下是较松的，这种界只在对同一类学习函数进行比较时有效。

当训练样本数 n 很大时，因为置信范围较小，所以小的经验风险可以保证实际风险小，即有好的推广能力。但是，在水轮发电机组机械故障诊断中，用于训练的故障数据样本数较少，机器学习过程（训练分类器）不但要使经验风险较小，还要使 VC 维尽量小，以缩小置信范围，才能取得较小的实际风险，即对未来的测试数据样本有较低的错分率。

5.1.1.3 结构风险最小化

通过前面的分析可以知道学习机器的实际风险是由两部分组成的，经验风险与置信范围。因此要想达到较小的实际风险，必须寻求在经验风险与置信范围之间的折中，达到两者之间的和谐。经验风险随着学习机器复杂度（VC 维 h）的增大而减小，而置信范围却随着 h 的增大而增大。因此，要达到两者的和谐，需要选择一个合适的 VC 维 h，使两者之和达到最小。这种思想就是结构风险最小化原则，也是统计学习理论的重要思想。但实际上，在非线性情况下，VC 维的计算是很困难的，通常情况下很难直接对这些界进行优化。实际通常采用如下两种替代方法来最小化风险。

（1）预先设计一个具有确定复杂度的函数集，在这个函数集上执行经验风险最小化原则，也就是保持置信范围固定，寻求经验风险最小化。

（2）给定一个经验误差阈值，然后选择能满足这个阈值的 VC 维最小的函数集，也就是保持经验风险固定，寻求 VC 维最小化。

5.1.2　SVM 的基本原理

支持向量机以统计学理论为基础，是对结构风险最小化归纳原则的近似和具体体现。它尽量提高学习机的推广泛化能力，即由有限训练样本得到的决策规则对独立的测试样本仍能保持小的误差。另外，支持向量机算法是一个凸二次优化问题，能够保证找到的极值解就是全局解。对于水轮发电机组故障诊断中的故障分类问题，根据给定的少量典型故障数据样本，建立支持向量机故障分类器，对未来的数据样本进行故障分类。

5.1.2.1　最优超平面

若给定的两类训练数据样本集：

$$(x_i, y_i),\quad i=1,2,\cdots,n, x\in R^d, y\in\{+1,-1\}$$

式中　n——训练样本的个数；

d——每个训练样本向量的维数；

y——类别标号。

若样本集能够被一个超平面线性分开，则该分类超平面的方程为

$$w\cdot x+b=0 \tag{5-2}$$

式中　w——分类面的权系数向量；

b——分类的阈值。

如果训练集中的所有样本均能被某超平面正确分开，并且距超平面最近的异类样本之间的距离最大，即边缘间距最大化，则该超平面为最优超平面。训练集中与最优超平面最近的异类样本称为支持向量，一组支持向量可以唯一地确定一个超平面。

对于线性可分的问题，不失一般性，可使训练集中的向量归一化后满足：

$$y_i(w\cdot x_i+b)\geqslant 1,\quad i=1,2,\cdots,n \tag{5-3}$$

由于支持向量与超平面之间的距离为 $1/\|w\|$，支持向量之间的距离为 $2/\|w\|$，因此构造最优超平面的问题被转化为在式（5-3）的约束条件下，求最小值，其函数为

$$\frac{1}{2}\|w\|^2=\frac{1}{2}(w\cdot w) \tag{5-4}$$

一个规范超平面构成的指示函数集 $f(x, w, b)=\mathrm{sgn}(w\cdot x+b)$ 的VC维满足 $h\leqslant\min([R^2A^2], d)$，其中 d 是向量空间的维数，R 为覆盖所有向量的超球体半径，A 为 $\|w\|$ 的最大值。可见，可以通过最小化 $\|w\|$ 使 h 最小。如果经验风险固定，最小化实际风险的问题就转化为最小化 $\|w\|$ 的问题。

如果一组训练样本能够被一个最优超平面分开，则对于测试样本分类错误率的上界是训练样本中平均的支持向量数占总训练样本数的比例，即

$$E[P(error)]\leqslant E[\text{支持向量数}]/(\text{训练样本总数}-1) \tag{5-5}$$

5.1.2.2 线性支持向量机

在线性可分的情况下，求最优分类面问题可以表示成在式（5-3）的约束下求式（5-4）的最小值问题。这是一个二次规划问题，其最优解为下列拉格朗日函数的最小值，即

$$L(w,b,a)=\frac{1}{2}(w\cdot w)-\sum_{i=1}^{n}\alpha_i[y_i(w\cdot x_i+b)-1] \tag{5-6}$$

式中　α_i——拉格朗日系数，$\alpha_i\geqslant 0$，要对 w 和 b 求式（5-6）的极小值。

将式（5-6）分别对 w 和 b 求偏微分并令它们等于0，就可以使原问题转化为如下这种较简单的对偶问题：在约束条件 $\sum_{i=1}^{n}y_i\alpha_i=0$，$\alpha_i\geqslant 0$，$i=1, 2, \cdots, n$ 之下求解下列函数的最大值：

$$Q(\alpha)=\sum_{i=1}^{n}\alpha_i-\frac{1}{2}\sum_{i,j=1}^{n}\alpha_i\alpha_j y_i y_j(x_i\cdot x_j) \tag{5-7}$$

通过式（5-7）求出 α_i 的最优解后，可得到最优分类面的权系数向量为

$$w=\sum_{i=1}^{n}\alpha_i y_i x_i \tag{5-8}$$

根据Kuhn-Tucker条件，α_i 须满足 $\alpha_i[y_i(w\cdot x_i+b)-1]=0$，$i=1, 2, \cdots, n$。因此多数 α_i 值必为0，少数值为非0的 α_i 对应于使式（5-3）等号成立的样本为支持向量。显然，只有是支持向量的样本决定最终的分类结果，于是 w 可表示为

$$w=\sum_{\text{支持向量}}\alpha_i y_i x_i \tag{5-9}$$

对于给定的测试样本 x，有最优分类函数：

$$f(x)=\mathrm{sgn}(w\cdot x+b)=\mathrm{sgn}[\sum_{\text{支持向量}}\alpha_i y_i(x_i\cdot x)+b] \tag{5-10}$$

在线性不可分的情况下，可以在式（5－3）中增加一个非负的松弛变量 $\xi_i \geqslant 0$，变为

$$y_i(w \cdot x_i + b) \geqslant 1 - \xi_i, \quad i = 1, 2, \cdots, n \tag{5-11}$$

将最小化的目标函数由 $\frac{1}{2}\|w\|^2$ 改为 $\frac{1}{2}\|w\|^2 + C(\sum_{i=1}^{n}\xi_i)$，即在确定最优分类面时折中考虑最小错分样本和最大分类间隔。其中常数 $C>0$ 人为确定，它控制着对错分样本的惩罚程度。在线性不可分的情况下，求最优分类面的对偶问题与线性可分情况下几乎完全相同，只是其中一个约束条件由 $\alpha_i \geqslant 0$（$i=1$，2，…，n）变为 $C \geqslant \alpha_i \geqslant 0$（$i=1$，2，…，$n$）。

5.1.2.3　非线性支持向量机

对于非线性分类，首先使用一个非线性映射 Φ 把数据样本从原空间 R^d 映射到一个高维特征空间 Ω，再在高维特征空间 Ω 求最优分类面。高维特征空间 Ω 的维数可能是非常高的，但是，支持向量机利用核函数巧妙地解决了这个问题。注意到在线性支持向量机中只用到了原空间的点积运算，故在非线性空间也只考虑在高维特征空间 Ω 的点积运算，就可以避免在高维特征空间中进行复杂的运算。根据泛函的有关理论，只要一种核函数 $K(x_i, x_j)$ 满足 Mercer 条件，它就对应某一变换空间的内积，即 $K(x_i, x_j) = \Phi(x_i) \cdot \Phi(x_j)$，这样在高维空间实际上只需进行内积运算，而这种内积运算是可以用原空间中的函数实现的，无须知道变换 $\Phi(x)$ 的具体形式。

因此，在最优分类面中采用适当的内积函数 $K(x_i, x_j)$ 就可以实现某一非线性变换后的线性分类，而计算复杂度却没有增加，此时二次规划问题的优化目标函数变为

$$Q(\alpha) = \sum_{i=1}^{n}\alpha_i - \frac{1}{2}\sum_{i,j=1}^{n}\alpha_i\alpha_j y_i y_j K(x_i, x_j) \tag{5-12}$$

其约束条件与线性支持向量机的约束条件相同，求出优化系数后，支持向量机分类器的分类函数的一般形式

$$f(x) = \mathrm{sgn}\left[\sum_{\text{支持向量}} \alpha_i y_i K(x_i, x) + b\right] \tag{5-13}$$

选择不同的内积核函数将形成不同的算法，即不同的支持向量机。目前在分类方面研究较多也较常用的核函数有：

（1）线性核函数：$K(x, y) = x \cdot y$ 就是线性支持向量机采用的核函数。

（2）多项式核函数：$K(x, y) = (x \cdot y + 1)^d$，其中 $d=1$，2，…，n 为多项式的阶数。

（3）径向基核函数：$K(x, y) = \exp\{-\|x-y\|^2/2\sigma^2\}$，其中 σ 为函数的宽度参数。

(4) Sigmoid 核函数：$K(x,\ y)=\tanh[v(x\cdot y)+c]$，其中 v、c 为比例和偏移参数。

5.1.3 最小二乘 SVM

SVM 标准算法在应用中仍然存在着超平面参数选择，以及问题求解中矩阵规模受训练样本数目的影响很大，导致求解规模过大的问题。对于这些问题，Suykens 等人提出的最小二乘支持向量机（least squares support vector machines，LS-SVM）从机器学习损失函数着手，在其优化问题的目标函数中使用二范数，并利用等式约束条件代替支持向量机标准算法中的不等式约束条件，使得最小二乘支持向量机方法的优化问题的求解变为通过 Kuhn-Tucker 条件得到的一组线性方程组的求解。相比于支持向量机标准算法，最小二乘支持向量机方法对模型参数的选择做了一定程度的简化，而且具有与支持向量机算法相似的性能。

对于两类非线性分类问题，给出 d 维空间的样本（x_k，y_k）（$k=1,\ 2,\ \cdots,\ n$），$x\in R^d$，$y\in\{1,\ -1\}$，最小二乘支持向量机分类器可以表述为如下优化问题：

$$\min_{\omega,e} J(\omega,e)=\frac{1}{2}(\omega^{\mathrm{T}}\omega)+\gamma\,\frac{1}{2}\sum_{k=1}^{n}e_k^2 \tag{5-14}$$

使得

$$\begin{gathered} y_k\{[\omega^{\mathrm{T}}\Phi(x_k)]+b\}=1-e_k,\quad k=1,2,\cdots,n \\ e_k\geqslant 0 \end{gathered} \tag{5-15}$$

与支持向量机标准算法类似，该优化问题可以通过构造其拉格朗日函数：

$$L(\omega,b,\xi,\alpha)=J(\omega,\xi)-\sum_{k=1}^{n}\alpha_k\{y_k[\omega^{\mathrm{T}}\Phi(x_k)+b]-1+e_k\} \tag{5-16}$$

由拉格朗日函数的优化条件可得

$$\begin{bmatrix} I & 0 & 0 & -Z^{\mathrm{T}} \\ 0 & 0 & 0 & -Y^{\mathrm{T}} \\ 0 & 0 & \gamma I & -I \\ Z & Y & I & 0 \end{bmatrix}\begin{bmatrix} \omega \\ b \\ e \\ \alpha \end{bmatrix}=\begin{bmatrix} 0 \\ 0 \\ 0 \\ I_v \end{bmatrix} \tag{5-17}$$

式中

$$\begin{cases} Z=[\Phi^{\mathrm{T}}(x_1)y_1,\Phi^{\mathrm{T}}(x_2)y_2,\cdots,\Phi^{\mathrm{T}}(x_n)y_n]^{\mathrm{T}} \\ Y=[y_1,y_2,\cdots,y_n]^{\mathrm{T}} \\ I_v=[1,1,\cdots,1]^{\mathrm{T}} \\ e=[e_1,e_2,\cdots,e_n]^{\mathrm{T}} \\ \alpha=[\alpha_1,\alpha_2,\cdots,\alpha_n]^{\mathrm{T}} \end{cases} \tag{5-18}$$

可得

$$\begin{bmatrix} 0 & -Y^{\mathrm{T}} \\ Y & \Omega+\gamma^{-1}I \end{bmatrix}\begin{bmatrix} b \\ \alpha \end{bmatrix}=\begin{bmatrix} 0 \\ I_v \end{bmatrix} \tag{5-19}$$

式中　$\Omega=Z\cdot Z^{\mathrm{T}}$，利用Mercer定理使用核函数代替高维空间中的内积。

$$\Omega_{k,l}=y_k y_l \Phi^{\mathrm{T}}(x_k)\Phi(x_l)=y_k y_l K(x_k,x_l) \tag{5-20}$$

最终最小二乘支持向量机分类器通过求解式（5－20）组成的线性方程组，而不是二次规划问题，得到分类决策函数为

$$y(x)=\mathrm{sgn}\left[\sum_{k=1}^{n}\alpha_k y_k K(x,x_k)+b\right] \tag{5-21}$$

5.2　基于神经网络的数智诊断方法

5.2.1　神经网络概述

5.2.1.1　神经网络的发展

神经网络的研究最初是从人脑的生理结构出发来研究人的智能行为，模拟人脑信息处理的功能，它的发展经历了一条曲折的道路。1943年，McCulloch和Pitts总结了生物神经元的一些基本特征，提出了神经元数学模型，简称为MP模型。1949年，Hebb在其著作中清楚地描述了改变神经元连接的Hebb规则，他们至今仍在各种神经网络模型中起着重要的作用。1957年，Rosenblatt首次提出了著名的感知器，第一次把神经网络的研究付诸工程实践。1962年，Widrow和Hoff提出了自适应性元件，掀起了研究神经网络的高潮。20世纪60年代末，由于理论上证明了单层感知器无法解决许多简单的问题，这一结论的发表使得许多研究者停止了对神经网络的研究，神经网络的发展进入低潮。但是，仍然有很多科学家坚持不懈，如Kohonen在1971年开始了随机连接变化方面的研究工作，将LVQ网络应用到语音识别、模式识别和图像识别方面，取得了很大的成功。1982年，Hopfield提出的HNN模型标志着神经网络第二次高潮的到来。至今为止，已有的神经网络模型超过上百种，广泛用于模式识别、信号图像处理、智能控制和知识处理等多个领域，特别在故障诊断领域，神经网络发挥了巨大的作用。

5.2.1.2　神经元

神经网络系统是大量的处理单元（称为神经元）广泛地互相连接而形成的复杂网络系统。神经元是神经网络的基本单元。因此，要想构造一个神经网络系统，首要任务是构造神经元模型。

1. 神经元的基本构成

神经元可以模拟生物神经元的一阶特性，即对输入的信号求加权和。对于每个神经元来说，它可以接收一组来自系统中其他神经元的输入信号，每个输入信号对应一个权，对所有输入信号求加权和，加权和决定了该神经元的激活状态。一般神经元是多输入单输出的非线性模型，一般神经元模型如图 5-1 所示。

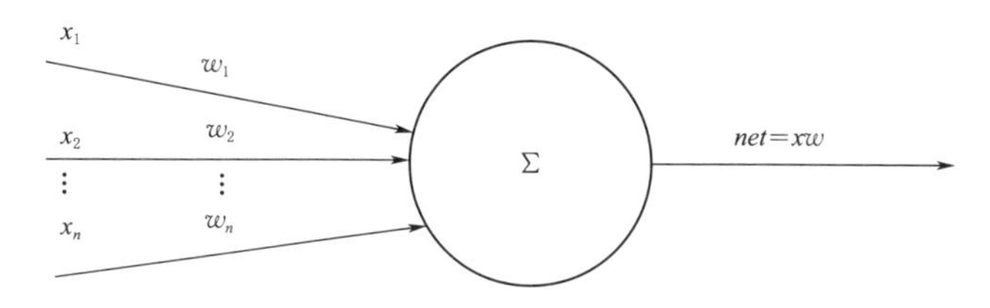

图 5-1 一般神经元模型

2. 激活函数

神经元在获得输入信号后，通过激活函数给出适当的输出。激活函数是一个神经元及网络的核心，其基本作用是控制输入对输出的激活作用，对输入信号和输出信号进行函数转换。激活函数的一般表达式为

$$o=f(net) \tag{5-22}$$

3. M-P 模型

神经元的基本模型和激活函数整合到一起构成处理单元，即 McCulloch-Pitts 模型，简称 M-P 模型，如图 5-2 所示。

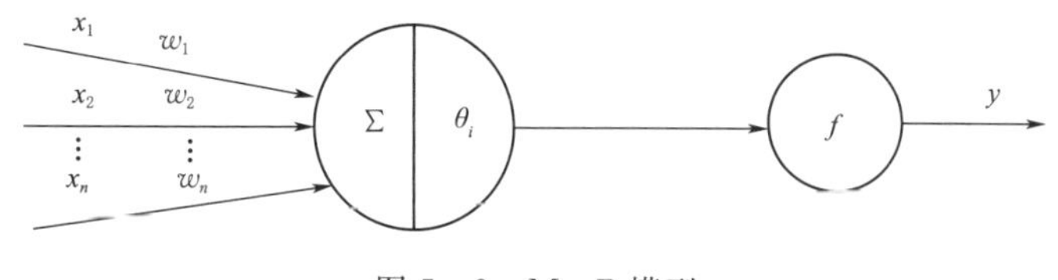

图 5-2 M-P 模型

5.2.1.3 神经网络的特征

神经网络是由大量处理单元互联组成的非线性自适应信息处理系统。它是在现代神经科学研究成果的基础上提出的，试图通过模拟大脑神经网络处理和记忆信息的方式进行信息处理。神经网络具有以下基本特征：

(1) 非线性。非线性关系是自然界的普遍特性。大脑的智慧就是一种非线性现象。神经元处于激活或抑制两种不同的状态，这种行为在数学上表现为一种非线性关系。具有阈值的神经元构成的网络具有更好的性能，可以提高容错性和存储容量。

(2) 非局限性。一个神经网络通常由多个神经元广泛连接而成。一个系统的整

体行为不仅取决于单个神经元的特征，而且可能主要由单元之间的相互作用和相互连接所决定。通过单元之间的大量连接模拟大脑的非局限性。联想记忆是非局限性的典型例子。

（3）非常定性。神经网络具有自适应、自组织和自学习能力的特点。神经网络不但处理的信息可以有各种变化，而且在处理信息的同时，非线性动力系统本身也在不断变化。经常采用迭代过程描写动力系统的演化过程。

（4）非凸性。一个系统的演化方向，在一定条件下将取决于某个特定的状态函数。例如能量函数，它的极值相应于系统比较稳定的状态。非凸性是指这种函数有多个极值，故系统具有多个较稳定的平衡态，这将导致系统演化的多样性。

5.2.2　人工神经网络模型

5.2.2.1　BP网络

反向传播（back propagation，BP）网络是目前使用最为广泛的一种神经网络。BP神经网络是一种有监督的学习算法，每一个训练样本在网络中经过两遍传递计算，由正向传播和反向传播组成。在正向传播过程中，输入信息从输入层经隐藏层单元逐层处理，并传向输出层，每一层神经元的状态只影响下一层神经元的状态。如果在输出层不能得到期望的输出，则转入反向传播，将误差信号沿原来的连接通路返回，通过修改各层神经元的权值，使得误差信号减小。

BP神经网络模型如图5-3所示，设含有L层和N个节点的一个任意网络，各节点的特性为sigmoid函数，给定S个样本（x_k，d_k）（$k=1$，2，3，…，S），网络中第l层的第j个神经元的输入总和为I_{jk}^{l}，输出为O_{jk}^{l}，$l-1$层的第i个神经元与l层的第j个神经元的权连接为W_{ij}，则

$$I_{jk}^{l}=\sum_{i=1}^{n_j}W_{ij}O_{ij}^{l-1} \tag{5-23}$$

$$O_{jk}^{l}=f(I_{jk}^{l}) \tag{5-24}$$

反向传播时，定义网络的期望输出d_k与实际输出y_k的误差平方和为目标函数，即

$$E_k=\frac{1}{2}\sum_{j=1}^{m}(d_{jk}-y_{jk})^2 \tag{5-25}$$

S个样本的总误差定义为

$$E=\frac{1}{2S}\sum_{k=1}^{S}E_k \tag{5-26}$$

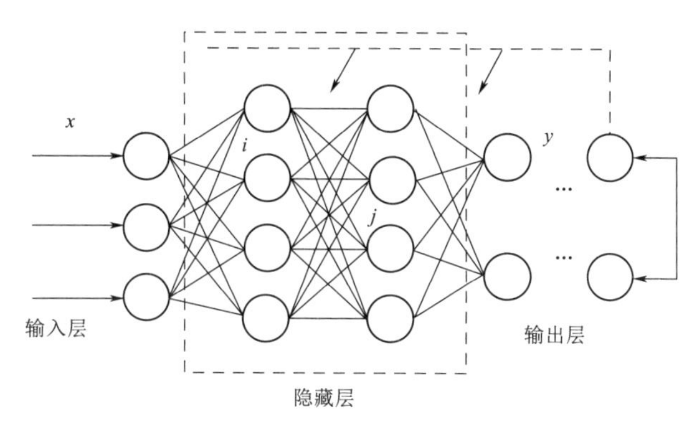

图 5-3 BP 神经网络模型

网络的学习问题等价于无约束最优化问题，通过调整权值 W，使总的误差 E 极小，使权值沿误差函数的负梯度方向变化，即

$$W_{ij}(t+1)=W_{ij}(t)-\eta\frac{\partial E}{\partial W_{ij}} \tag{5-27}$$

式中 t——迭代次数；

η——步长。

η 取值较大时，学习速度较快，但收敛性变差，可能产生振荡，但取值过小则影响学习速度，故通常由实验来决定步长的大小。

5.2.2.2 RBF 网络

RBF 网络通常是一种三层的前向网络，它由输入层、中间层和输出层组成，RBF 网络结构如图 5-4 所示。

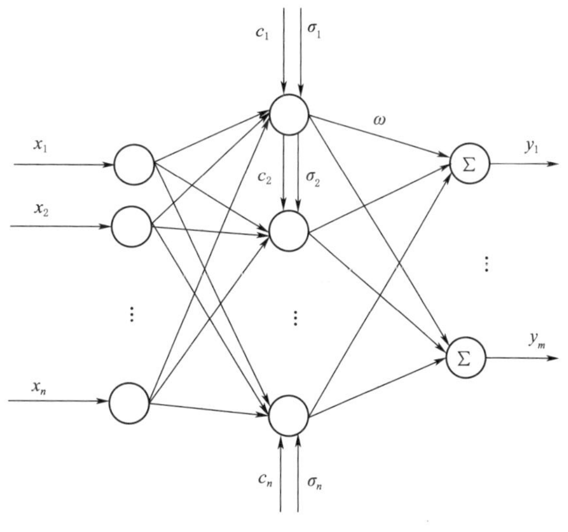

图 5-4 RBF 网络结构

每个输入神经元与输入向量 $\boldsymbol{X}$ 的元素相对应。中间层由 n 个神经元组成。每个输入神经元与中间层所有神经元相连接。每个中间神经元计算一个核函数（激活函数），通常为高斯函数，即

$$\varphi_i(X)=\exp\left(-\frac{\| X-c_i \|}{\sigma_i^2}\right),\quad i=1,2,3,\cdots,n \tag{5-28}$$

式中 c_i、σ_i——中间层中第 i 个神经元的中心和半径；

$\|\cdot\|$——向量范数，通常取为欧几里得范数。

在RBF网络中，第 i 个中间神经元的网络输入是 $\| X-c_i \|$，如果半径 σ_i 比较小，核函数下降速度很快，当半径 σ_i 比较大时，下降速度则比较慢。输出层由 m 个神经元组成，分别与问题的可能类属相关联，它与中间层相连接。每个输出层神经元用下述的公式来计算中间层输出的线性加权总和，即

$$y_i=\sum_{i=0}^{n}\varphi_i(X)\omega_{ij},\quad j=1,2,3,\cdots,m \tag{5-29}$$

式中　ω_{ij}——在第 i 个中间层神经元和第 j 个输出层神经元之间的权。

5.3　基于混合模型的数智诊断方法

近年来，随着大数据的高速发展，智能算法的研究掀起了一个新高潮。人工神经网络、支持向量机、人工免疫原理、遗传算法和粒子群算法等在故障诊断方面都得到了广泛的研究和应用。但是面对水轮发电机组系统的复杂性和故障样本较少导致单一算法诊断准确性不高的问题，近年来，许多学者针对水轮发电机组的特定故障，开展了应用多种智能算法融合的诊断方法研究，取得了一定的阶段性成果。李辉等针对水电机组早期故障信号信噪比低的问题，将奇异值分解（SVD）和深度置信网络（DBN）相结合进行故障诊断，同时，将所提方法与BP神经网络、多分类支持向量机进行对比，结果表明，所提方法能够更加可靠高效地识别故障类型，具有一定的应用价值。胡晓等为提高水电机组故障诊断精度，提出了一种融合变分模态分解和卷积神经网络的故障诊断方法。结果表明该方法与其他方法相比故障识别准确率更高。针对水轮发电机组振动故障耦合因素多、故障模式复杂等问题，程加堂等提出了一种基于量子自适应粒子群优化BP神经网络（QAPSO-BP）的故障诊断模型。仿真实例表明，与粒子群优化BP网络（PSO-BP）法和BP网络法相比，该算法具有较高的诊断准确度，适用于水电机组振动故障的模式识别。

综合来看，基于数据驱动的智能诊断算法都是对数据的运算，前提是水轮发电机组的相关数据可以获取。同时，上述这些算法基本都处于研究阶段，验证结果也是通过仿真实验得到的，还没有广泛的工程实践应用。水轮发电机组故障复杂多变，需要数据诊断与专家经验相结合，如何将智能算法融合专家经验开展水轮发电机组的故障诊断是值得研究的课题。下面以遗传算法优化神经网络算法模型为例，介绍混合算法模型。

遗传神经网络算法是遗传算法（GA）与神经网络算法（BP）相结合而构成的一种混合模型算法。BP网络的学习过程实际上是非线性函数求解全局最优解的过程，由于神经网络整体求优的缺陷可能导致网络陷入局部最优数值。GA算法特点是总体搜索能力较强，局部搜索能力较差。将BP算法与GA算法相结合，可以取

长补短，可以组合成新的全局搜索算法。GA 算法与 BP 算法相结合的模型算法主要特点有：

（1）网络结构的进化。神经网络结构设计包含拓扑结果和节点转移函数两个方面。将 GA 算法用于神经网络的拓扑结构设计，对网络的连接方式进行编码时有两种策略：直接编码和间接编码。直接编码是将所有网络连接方式都明确地表示出来，间接编码是只表示连接方式中的一些重要特征。

（2）学习规则的进化。学习规则的进化包括学习规则参数的进化和学习规则的进化，一般来说不同的学习算法适合不同的神经网络，在神经网络训练问题中，学习规则都是预先设定的。但是一些参数上需要优化，如果使用者没有任何合理设置的经验和知识，可以利用遗传算法来进化神经网络学习规则中的参数和神经网络评价函数。

（3）网络权值的进化。由于 BP 方法训练存在可能陷入局部极小等不足，将遗传算法作为一种神经网络的一种学习方法代替 BP 学习算法。在整个进化过程中各网络节点数保持不变，利用 GA 训练网络权值和阈值，利用 GA 算法全局性搜索的特点，求得最佳的网络连接权。遗传-神经网络算法模型图如图 5－5 所示。

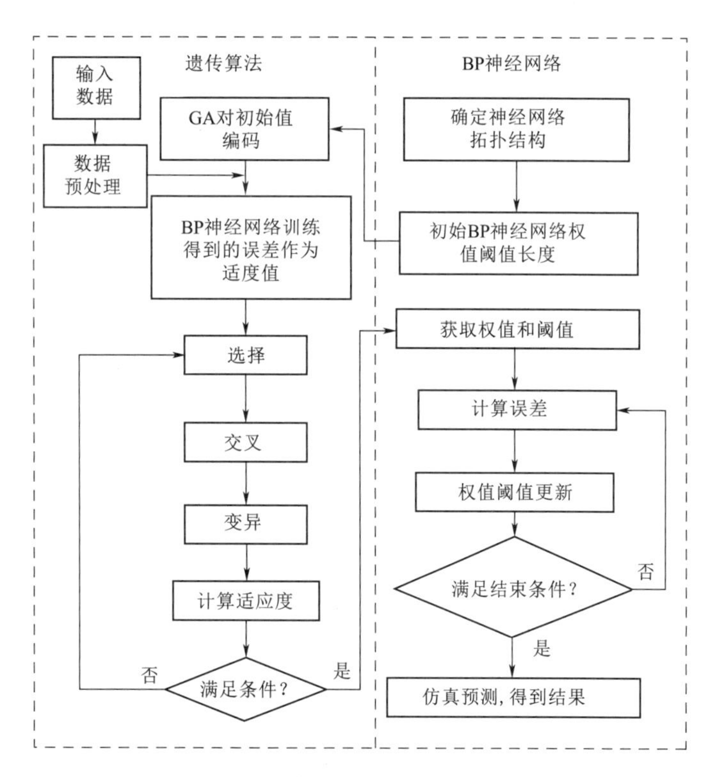

图 5－5　遗传-神经网络算法模型图

5.4　应　用　举　例

5.4.1　基于贝叶斯网络的水导轴承故障数智诊断

为了研究贝叶斯网络模型在水轮发电机组故障诊断中的效果，基于Netica平台，以简化的水导轴承模块为研究对象，考虑状态事件的越级关系，构建水导轴承故障诊断贝叶斯网络模型结构图，如图5-6所示，其各节点含义见表5-1，其中水导轴承（A）、瓦面（C）、油槽（D）、冷却系统（F）、冷却器（G）、油（H）、冷却水（J）为经验状态节点，温度（B）、振动（E）为具体状态节点。基于Netica的水导轴承贝叶斯网络模型如图5-7所示。

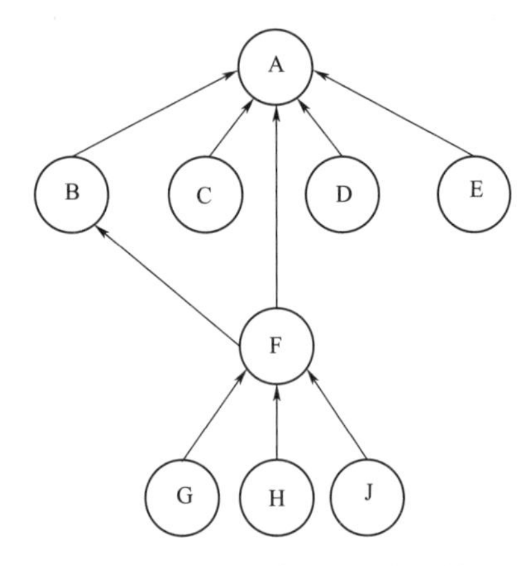

图5-6　水导轴承贝叶斯网络模型结构图

表5-1　　水导轴承贝叶斯网络结构节点含义

节点	A	B	C	D	E	F	G	H	J
含义	水导轴承	温度	瓦面	油槽	振动	冷却系统	冷却器	油	冷却水

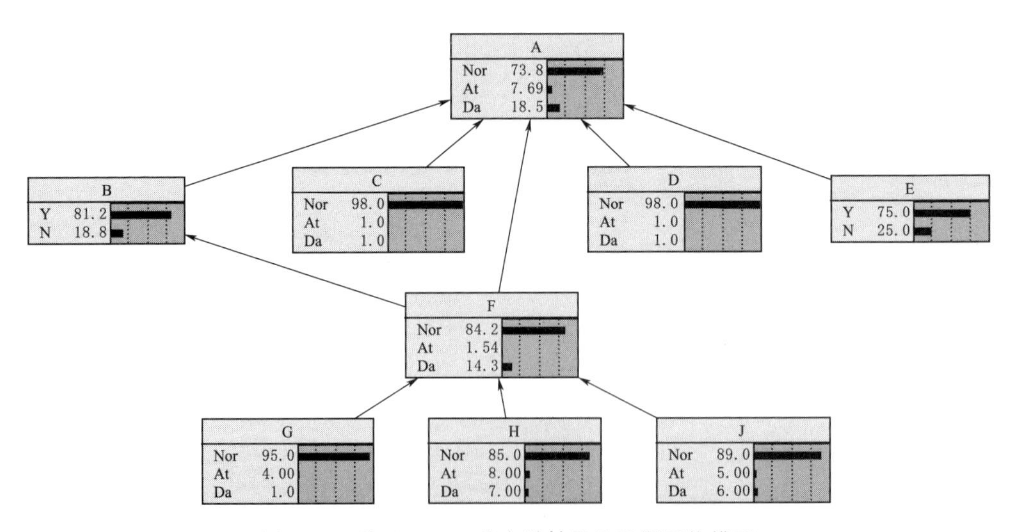

图5-7　基于Netica的水导轴承贝叶斯网络模型

通过综合某水轮发电机组在线监测数据与现场专家经验对水导轴承贝叶斯网络模型进行各根节点先验概率赋值及网络节点条件概率赋值。根节点先验概率分布见

表 5－2。

表 5－2　　根节点先验概率分布　　%

节点	正常（Nor）	注意（At）	故障（Da）	正常（Y）	故障（N）
C	98.0	1.0	1.0	—	—
D	98.0	1.0	1.0	—	—
E	—	—	—	75.0	25.0
G	95.0	4.0	1.0	—	—
H	85.0	8.0	7.0	—	—
J	89.0	5.0	6.0	—	—

可计算得到各中间节点的条件概率分布，这里只给出 F 节点的条件概率表，见表 5－3，其余节点的条件概率表同理可得。

表 5－3　　F 节点的条件概率表　　%

G	H	J	Nor	At	Da
Nor	Nor	Nor	100	0	0
Nor	Nor	At	85	10	5
Nor	Nor	Da	0	0	100
Nor	At	Nor	85	10	5
Nor	At	At	65	20	15
Nor	At	Da	0	0	100
Nor	Da	Nor	0	0	100
Nor	Da	At	0	0	100
Nor	Da	Da	0	0	100
At	Nor	Nor	85	10	5
At	Nor	At	60	20	20
At	Nor	Da	0	0	100
At	At	Nor	70	15	15
At	At	At	50	35	15
At	At	Da	0	0	100
At	Da	Nor	0	0	100
At	Da	At	0	0	100
At	Da	Da	0	0	100
Da	Nor	Nor	0	0	100
Da	Nor	At	0	0	100

续表

G	H	J	Nor	At	Da
Da	Nor	Da	0	0	100
Da	At	Nor	0	0	100
Da	At	At	0	0	100
Da	At	Da	0	0	100
Da	Da	Nor	0	0	100
Da	Da	At	0	0	100
Da	Da	Da	0	0	100

将初始数据输入，水导轴承瓦温过高故障诊断贝叶斯网络计算结果如图 5-8 所示。某电站 2 号机组水导轴承发生瓦温过高故障，在对各部分进行检测的时候发现瓦面、油槽、振动和冷却水是正常的，即节点 C、D、E、J 均为正常的概率是 100%，B 节点故障的概率是 100%。将上述证据输入贝叶斯网络模型更新网络，如图 5-8 所示。按照贝叶斯网络模型计算，最可能发生故障的节点是 H，即油出现问题的概率最大，为 73.9%。实际工程中，发现水导轴承循环油孔被异物堵塞，导致热油和冷油无法正常循环，无法将水导轴承热量带走，水导轴承异物现场图如图 5-9 所示。油无法正常循环带走热量是导致水导瓦温过高的主要原因，通过贝叶斯网络诊断模型很好地对该故障进行了诊断。

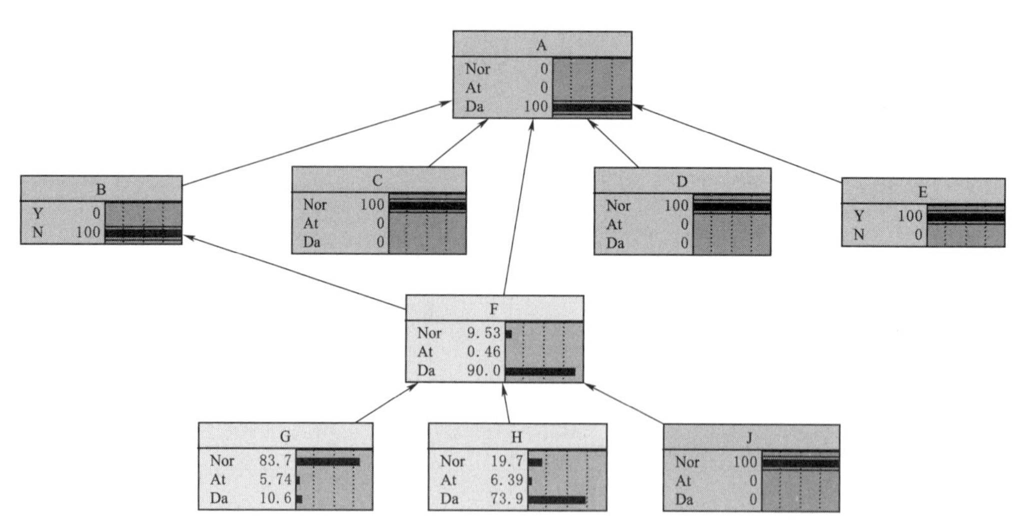

图 5-8　水导轴承瓦温过高故障诊断贝叶斯网络计算结果

子节点的状态变化会影响父节点的状态，父节点的状态由子节点决定。不同的子节点不同幅度的变化，对父节点状态变化的影响程度是不同的。如果某子节点小幅度的变化会导致父节点较大的变化，则说明该子节点的灵敏度较高。研究子节点

图 5-9 水导轴承异物现场图

变化对父节点状态变化影响的灵敏度，可以指导工程技术人员在特定状态下重点关注的内容，从而提高设备的管理水平。

子节点的灵敏度可以计算为

$$I_h(S_k)=\frac{1}{p_k}\sum_{s_k=0}^{p_k}\frac{|P(H=h \mid S_k=s_k)-P(H=h \mid S_k=0)|}{P(H=h \mid S_k=0)} \tag{5-30}$$

式中 s_k——子节点 S_k 的状态；

p_k——子节点状态的数量；

H——节点；

h——节点的状态；

I_h——节点在 h 状态下的灵敏度。

将贝叶斯网络模型计算结果代入式（5-30）中计算 C、D、E、G、H、J 节点的灵敏度，子节点灵敏度分析如图 5-10 所示。

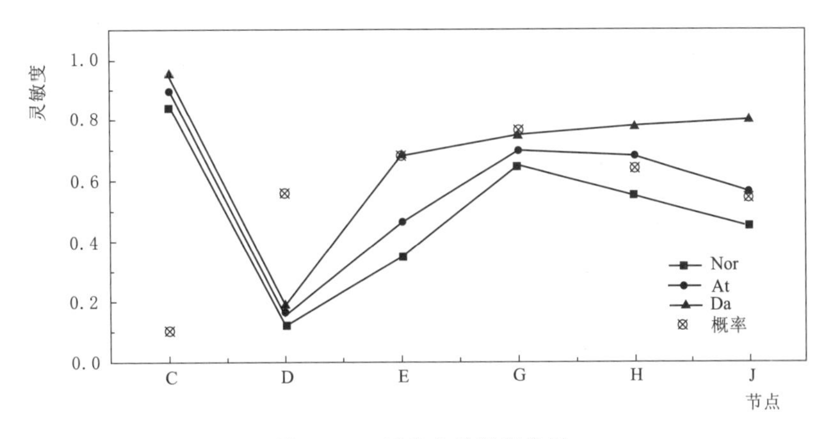

图 5-10 子节点灵敏度分析

由图 5-10 可知，每个子节点在父节点不同状态下的灵敏度是不同的，每个子节点，在父节点为“正常”状态时的灵敏度均为最小，在父节点为“故障”状态时子节点的灵敏度最高，即在设备正常状态下，某个元件状态的微小改变对设备的整体健康状态影响不大，但在设备处于注意或故障状态下，某个元件的微小变化则可能对设备的整体状态产生较大的影响。在上述实例中，在父节点正常、注意、故障三种状态下，子节点 C 的灵敏度均为最高，分别为 0.85、0.90、0.95，即瓦面对水导轴承整体状态的影响最大；父节点在正常、注意、故障三种状态下，子节点 D 的灵敏度均为最低，分别为 0.12、0.15、0.18，即油槽对水导轴承整体状态的影响最小。

统计了 120 台机组近 5 年的缺陷情况，瓦面、油槽、振动、冷却器、油和冷却水出现缺陷的概率情况如图 5－10 所示。由灵敏度计算结果和缺陷统计结果可以看出，瓦面出现缺陷对水导轴承影响是最大的，但其出现缺陷的概率是最小的；冷却器出现缺陷的概率及其对水导轴承的影响均处于较高的水平。在水轮发电机组运行和检修工程实践中，技术人员应重点关注冷却器的运行情况，结合机组检修，应重点对冷却器及瓦面进行检测。

实际上，水导轴承的瓦面与轴领直接接触，瓦面如果出现接触不均、裂纹和掉块等故障，将直接导致水导轴承整体故障，因而瓦本体的质量要求较高，保证其具有较高的可靠性，故瓦面出现缺陷的概率反而很小是符合实际情况的；而油槽即使出现渗油、油雾等情况，对水导轴承的整体健康情况影响不大，故虽然油雾问题出现的概率较高，但其灵敏度较低，可以不作为运行检修中的重点关注对象。图 5－10 的计算结果与实际情况是相符的，说明了上述灵敏度分析在工程上是可行的。

5.4.2　基于测试数据的水轮发电机组功率波动数智诊断

5.4.2.1　概况

某电站河床式开发，安装 2 台单机 62.50MW 的混流式水轮发电机组，额定流量为 143.59m^3/s，额定水头为 48.00m，最大水头 52.00m，最小水头 36.00m，额定转速为 150.00r/min。该电站投产后发现存在功率波动问题，波动幅值最大达到额定功率的 10％左右，频率在 0.20～1.50Hz 之间。西南电网和华中电网异步联网运行后电网存在固有波动频率，如果该水电站机组功率波动问题不得到有效解决，西南电网和华中电网异步联网运行后，该波动可能会引起电网波动的隐患，该水电站将面临退出电网运行的风险。

5.4.2.2　原因分析

实际工程中，引起水力发电机组功率波动的原因主要来自两个方面，分别是水力和机电。针对该电站的情况，采用排除法初步进行分析。

现场开展调速器一次调频投退、PSS投退等机电方面的测试，通过上述测试，基本可以排除机电原因导致的功率波动。因此，初步判定水力因素是导致功率波动的主要因素。水轮发电机组基本的出力公式为

$$P=9.81QH\eta_t\eta_g \tag{5-31}$$

式中 P——功率；

Q——流量；

H——净水头；

η_t 和 η_g——水轮机和发电机的效率。

由式（5-31）可知，水轮发电机组的功率由流量、净水头和机组的效率决定。在某一特定工况下，机组的效率和过机流量是恒定不变的，可得功率与净水头呈正相关关系。净水头为蜗壳进口压力与尾水出口压力之差，蜗壳进口压力、尾水出口压力的波动，会引起净水头的波动，从而导致功率波动。为了进一步研究引起功率波动的具体原因，开展了现场测试。根据现场测试数据，得到了该机组在全水头下运行情况，机组运行模型图如图5-11所示。由图5-11可知，机组在36.00～52.00m全水头段均存在功率波动问题，最大波动出现在负荷20～40MW之间，且随着水头的升高，波动最大点有向高负荷段转移的趋势。负荷超过40MW，功率波动减弱。

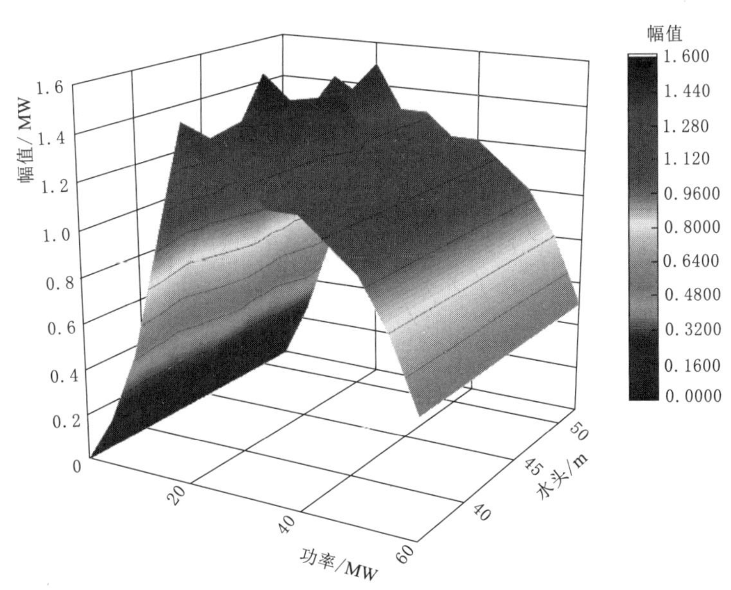

图5-11 机组运行模型图

为了进一步研究有功功率波动产生的原因及机理，下面以上游水位349.50m，下游水位301.40m，负荷20MW的工况为例进行试验研究，试验测试相关数据图如图5-12所示。

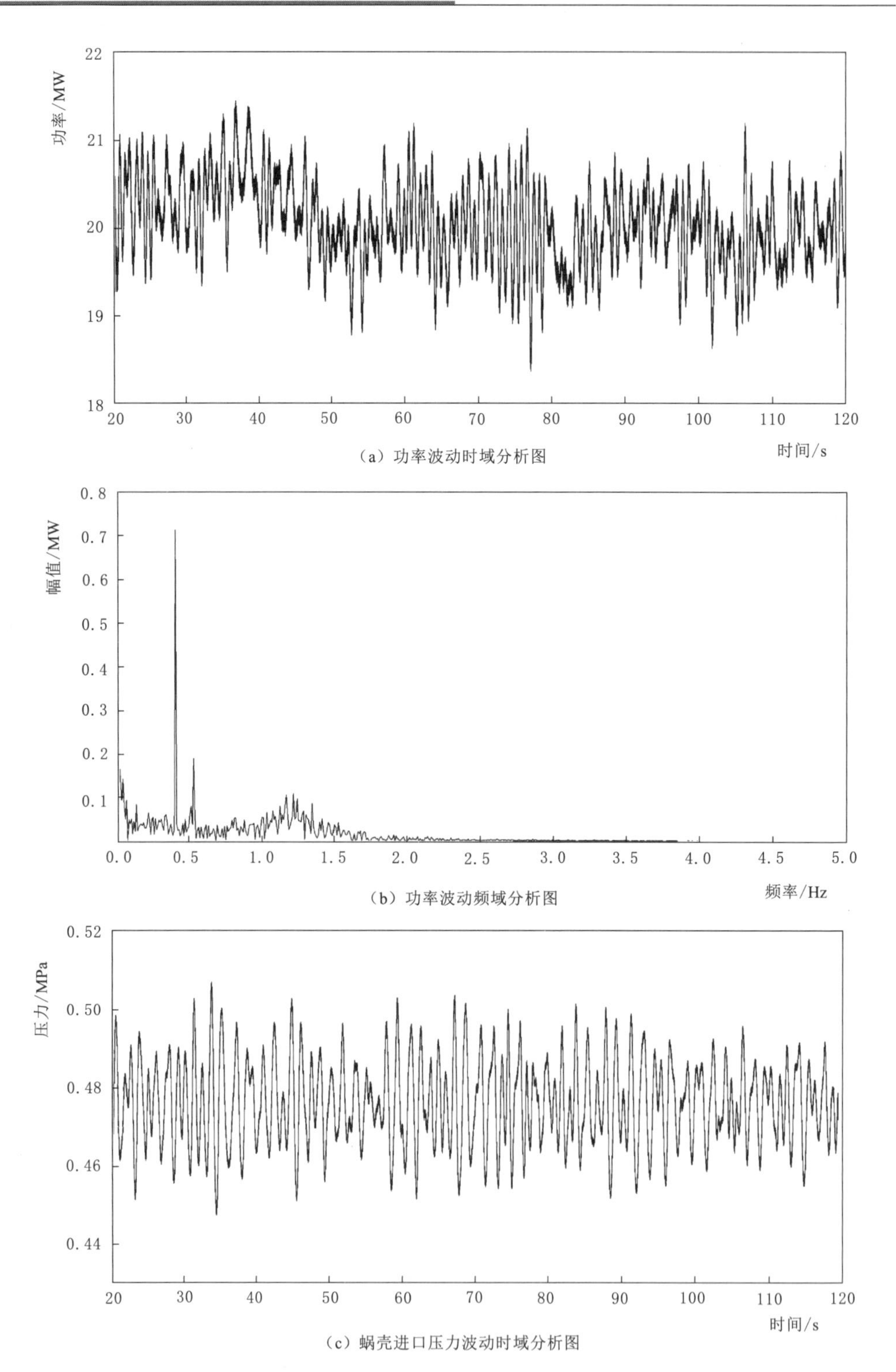

图5-12（一）　上游水位349.50m，下游水位301.40m，负荷20MW工况下功率、蜗壳进口压力、尾水出口压力频谱图

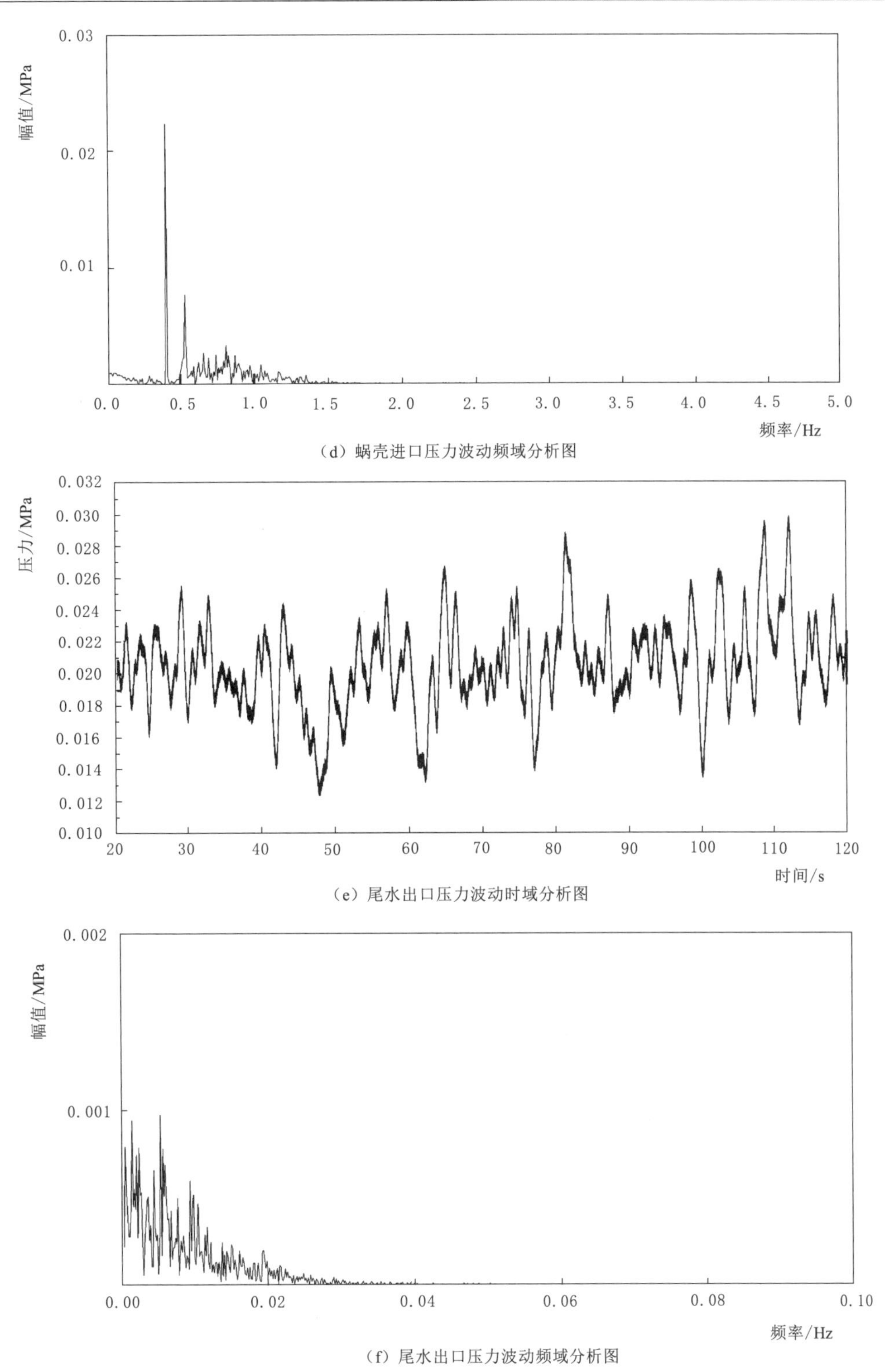

（d）蜗壳进口压力波动频域分析图

（e）尾水出口压力波动时域分析图

（f）尾水出口压力波动频域分析图

图 5-12（二） 上游水位 349.50m，下游水位 301.40m，负荷 20MW 工况下功率、蜗壳进口压力、尾水出口压力频谱图

由图5-12可知，在该试验工况下，功率波动峰峰值约为1.4MW，是当前负荷的7%，主频率约为0.40Hz；相应的，蜗壳进口压力波动的峰值约为0.05MPa，主频率约为0.40Hz；尾水出口压力波动的主频率约为0.01Hz。由此可知，功率波动的频率与蜗壳进口压力波动的频率一致，与尾水出口压力波动频率相差较大，蜗壳进口压力波动是引起功率波动的主要原因。

为了进一步研究引起蜗壳进口压力波动较大的原因，采用数值模拟方法分析水力系统的水力特性，建立了三维数值计算模型。数值计算中，流体遵循下列理论：

质量守恒方程

$$\frac{\partial \rho}{\partial t}+\frac{\partial(\rho u_i)}{\partial x_i}=0 \tag{5-32}$$

动量守恒方程

$$\frac{\partial(\rho u_i)}{\partial t}+\frac{\partial(\rho u_i u_j)}{\partial x_j}=-\frac{\partial p}{\partial x_i}+\mu\frac{\partial^2 u_i}{\partial x_i x_j} \tag{5-33}$$

式中　ρ——流体密度；

u_i——流体 i 方向速度分量；

u_j——流体 j 方向速度分量；

p——时均压力；

μ——流体黏性系数；

x_i，x_j——空间坐标分量。

涡黏模型是湍流数值模拟中最常用的方法，涡黏模型中又分为标准 $k-\varepsilon$ 模型、RNG $k-\varepsilon$ 模型和 Realizable $k-\varepsilon$ 模型。本书采用 Realizable $k-\varepsilon$ 模型开展研究。

k 方程：

$$\frac{\partial(\rho k)}{\partial t}+\frac{\partial(\rho k u_i)}{\partial x_i}=\frac{\partial}{\partial x_i}\left(\mu+\frac{\mu_t}{\sigma_k}\frac{\partial k}{\partial x_i}\right)+G_k+G_b-\rho\varepsilon \tag{5-34}$$

ε 方程：

$$\frac{\partial(\rho\varepsilon)}{\partial t}+\frac{\partial(\rho\varepsilon u_i)}{\partial x_i}=\frac{\partial}{\partial x_j}\left[\left(\mu+\frac{\mu_t}{\sigma_\varepsilon}\right)\frac{\partial\varepsilon}{\partial x_i}\right]-\rho C_{1\varepsilon}\frac{\varepsilon^2}{k+\sqrt{v\varepsilon}}+C_{2\varepsilon}\tan\left|\frac{v}{u}\right|\frac{\varepsilon}{k}G_b \tag{5-35}$$

式中　k——湍动能；

ε——湍动能耗散率；

σ_k——k 的湍流普朗特数，在高雷诺数流体运行中，取 $\sigma_k=1.1$；

μ_t——黏性系数；

G_k——由时均速度梯度引发的湍动能产生项；

G_b——由浮力引起的湍动能产生项；

$C_{1\varepsilon}$、$C_{2\varepsilon}$——模型常数。

计算工况与实测工况保持一致，为上游水位 349.50m，下游水位 301.40m，负荷 20MW。经过数值计算发现，进水口处出现漩涡，流态不稳定，蜗壳进口压力波动较大，幅值达 0.05MPa，频率约为 0.40Hz，与实测值变化趋势一致，查明了进水口漩涡导致蜗壳进口压力较大波动是引起功率波动的原因，进水口流态、蜗壳进口压力计算图如图 5-13 所示，进水口漩涡形态如图 5-14 所示。

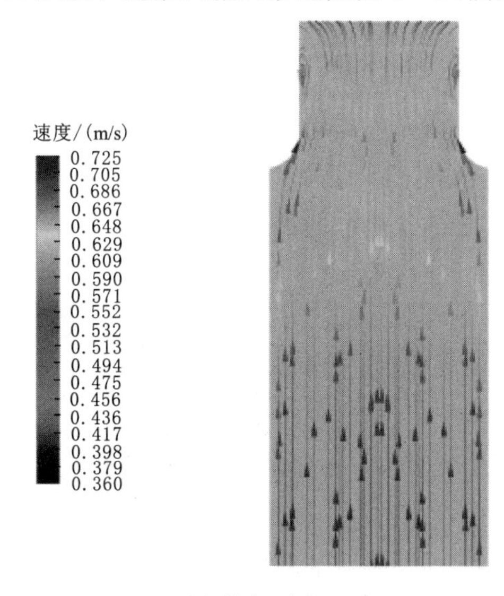

(a) 进水口水态

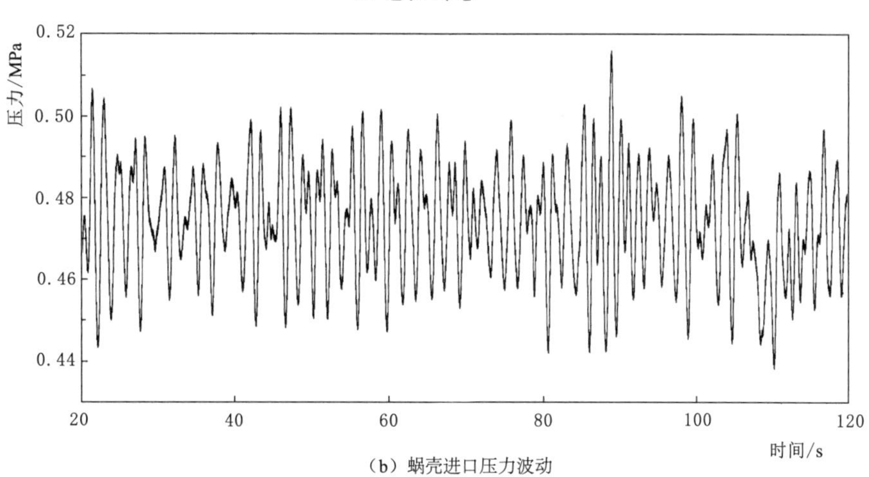

(b) 蜗壳进口压力波动

图 5-13（一） 上游水位 349.50m，下游水位 301.40m，负荷 20MW 工况下进水口流态、蜗壳进口压力计算图

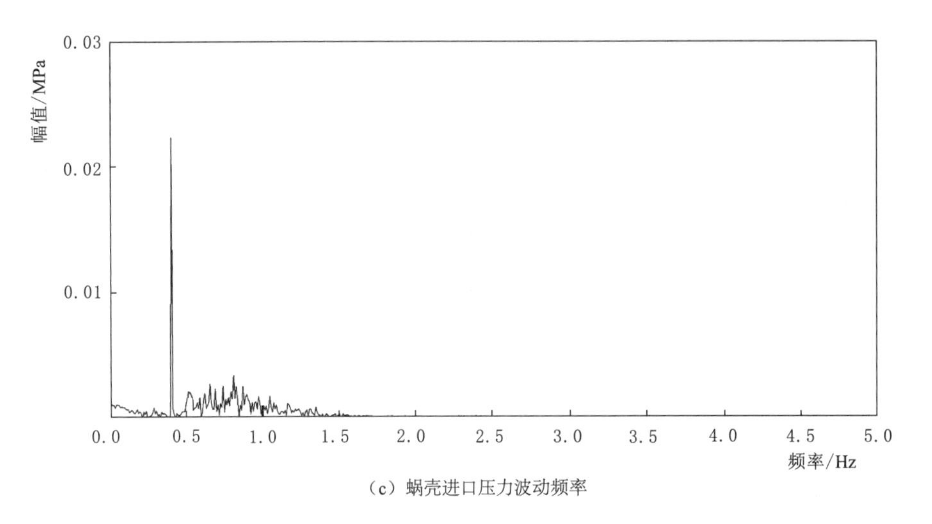

（c）蜗壳进口压力波动频率

图5-13（二）　上游水位349.50m，下游水位301.40m，负荷20MW工况下进水口流态、蜗壳进口压力计算图

图5-14　进水口漩涡形态

5.4.2.3　应对措施

查明了进水口漩涡导致蜗壳进口压力较大波动是引起功率波动的原因，提出了在进水口加装消涡装置以消除漩涡来减小蜗壳进口压力波动的方法，从而降低功率波动问题，消涡装置结构如图5-15所示。

为了验证加装消涡装置的有效性，建立了加装消涡装置后的水力系统，进行数值计算，计算工况与上述工况相同，即上游水位349.50m，下游水位301.40m，负荷20MW，加装消涡装置后进水口流态、蜗壳进口压力计算图如图5-16所示。

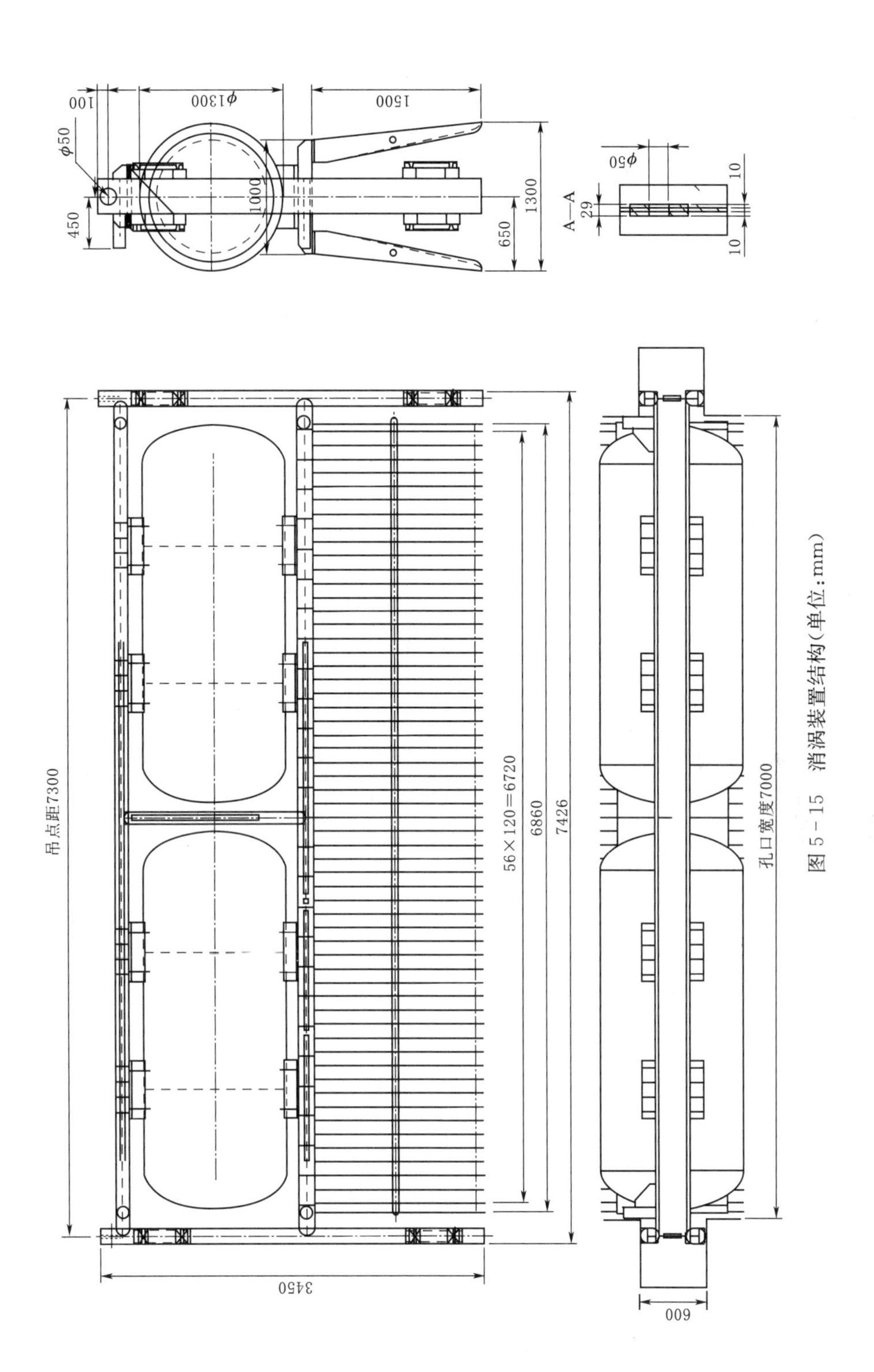

图 5-15 消涡装置结构(单位:mm)

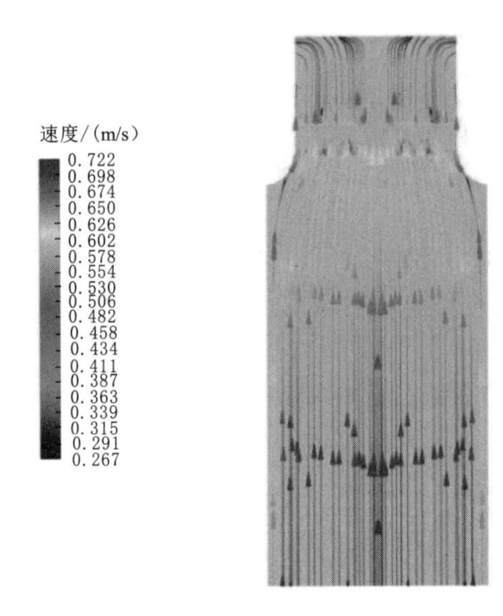

(a) 加装消涡装置后进水口水态

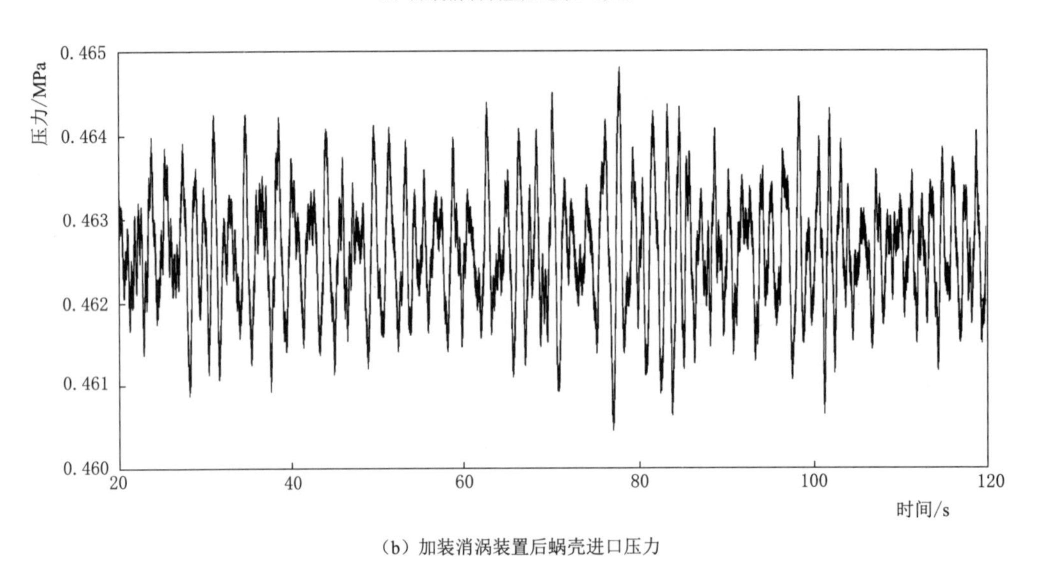

(b) 加装消涡装置后蜗壳进口压力

图5-16 加装消涡装置后进水口流态、蜗壳进口压力计算图

由图5-16可知，进水口加装消涡装置后，进水口漩涡消失，流态更加平顺，蜗壳进口压力波动也相应减小，幅值减小到0.003MPa，根据计算结果认为，在进水口加装消涡装置是有效的。

为了验证加装消涡装置的实际效果，开展了现场实测，实测工况与计算工况相同，即上游水位349.50m，下游水位301.40m，负荷20MW。其工况下加装消涡装置后有功功率现场测试数据如图5-17所示。

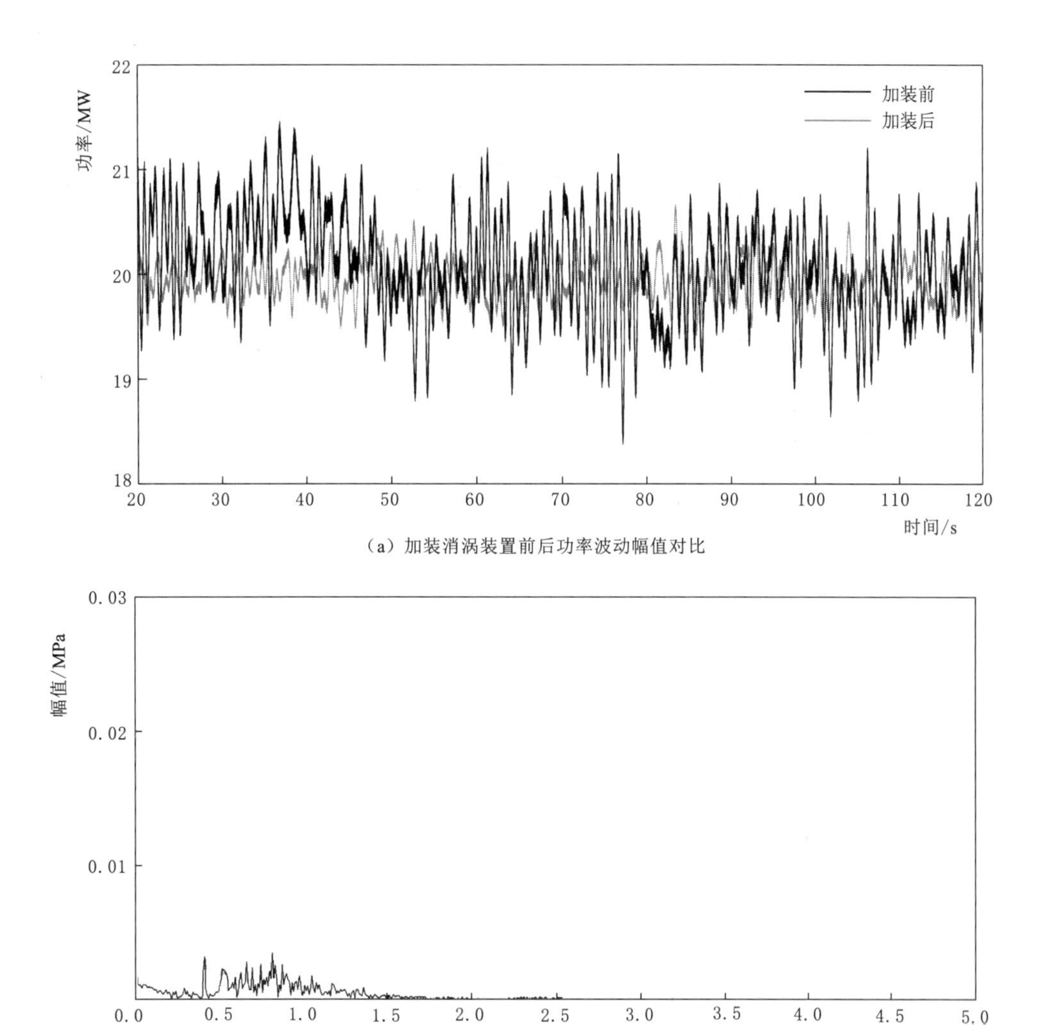

(a) 加装消涡装置前后功率波动幅值对比

(b) 加装消涡装置后蜗壳压力脉动频率

图 5-17 上游水位 349.50m，下游水位 301.40m，负荷 20MW 工况下加装消涡装置后有功功率现场测试数据

由图 5-17 看出，加装消涡装置后，机组在测试工况下，蜗壳进口压力波动明显减小，峰值由之前的 0.05MPa 减小到 0.0032MPa，减小了 93.6%，0.40Hz 的主频也消失；有功功率波动明显减小，峰值由之前的 1.4MW 减小到 0.24MW，减小了 82.9%。在全水头范围内开展了试验研究，加装消涡装置后机组全水头运行工况如图 5-18 所示。由图 5-18 可知，机组在全水头范围内能稳定运行。由此可见，加装消涡装置后，蜗壳进口压力波动和功率波动均大幅降低，说明加装消涡装置对降低有功功率波动是有效的。

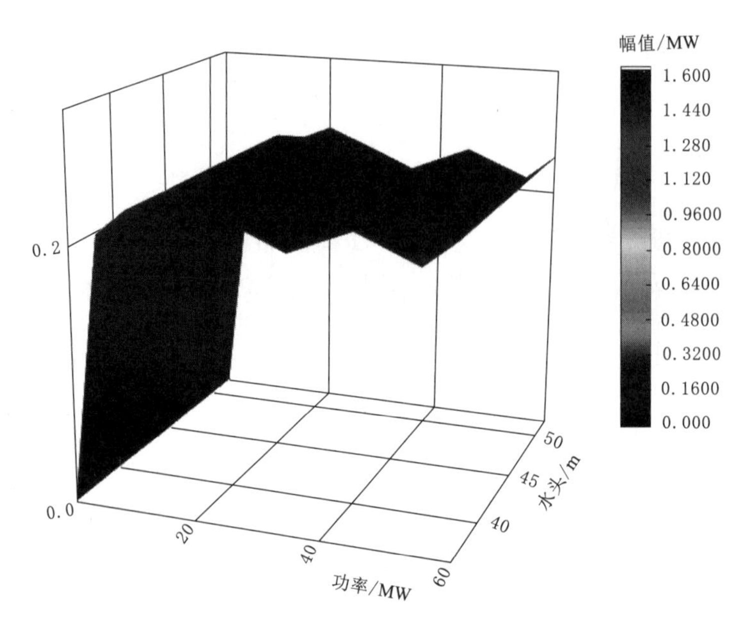

图 5-18　加装消涡装置后机组全水头运行工况图

问 题 与 思 考

1. 常见的基于数据驱动的智能算法都有哪些，基本原理是什么？
2. 支持向量机算法的优缺点有哪些？
3. 神经网络和遗传算法的优缺点有哪些？

第6章　水轮发电机组故障预测技术

水轮发电机组故障预测，是以当前设备的运行状态和历史数据为基础，结合已知预测对象的结构特性、参数和环境条件，对设备未来可能出现的故障进行预测、分析和判断，确定故障性质、类别、程度、原因及部位，指出故障发展趋势及故障后果。实施水轮发电机组故障预测的目的是使技术人员提前预知设备的健康状态和故障发生的可能性，从而提前采取维修措施，将故障消灭在萌芽状态。

6.1　故障预测概述

6.1.1　故障预测的概念

水轮发电机组故障预测是根据设备历史数据及当前状态，采用适当的方法，预测可能发生的故障。故障诊断是故障发生后分析确定故障原因，故障预测是正常运行情况下预测故障发生的可能性。两者的区别主要体现在：

（1）开展的时间点不同。故障诊断是在故障发生后进行的，是根据故障现象寻找故障原因，通常包括故障部件定位、故障模式隔离、故障征兆识别和工作异常识别等。

故障预测是正常运行状态或故障发生前进行，是根据历史数据和当前状态，分析预测未来故障可能发生的概率。通常包括故障发生的概率、部位的预测等。

（2）关注的信息不同。故障诊断主要从设备的故障现象出发，通过分析相关参数的异常变化及关系，分析确定故障可能的原因和部位。关注的信息主要是故障现象及故障后的参数信息。

故障预测是从设备的失效机理出发，利用设备历史数据和正常运行状态数据的变化趋势，预测未来时间内可能发生故障的设备及发生故障的概率。关注的信息主要是设备失效模型、历史数据等。

（3）目的不同。故障诊断的结果主要用于设备的被动性检修，故障诊断确定故障部位及原因后，可针对性地开展检修工作，提高检修效率、降低检修成本。

故障预测的结果主要用于主动性预防检修，可以实现在故障发生前开展预防性检修，将故障消灭在萌芽状态，提高设备的可靠性和可用率。

6.1.2　故障预测的内容

水轮发电机组故障预测包括以下主要内容：

（1）预测故障发生的时间。根据设备的历史数据，采用适当的趋势分析方法，预测故障可能发生的时间。例如，水轮发电机组在线监测系统记录了机组各处振动数据，根据振动数据的发展趋势，可以预测振动值超过阈值的时间点。

（2）预测剩余寿命。根据设备历史数据的变化趋势及设备设计寿命，预测其剩余寿命。例如，水轮发电机组主轴密封转动环，可以根据其磨损减薄的速率及其设计寿命，预测转动环的剩余寿命。

（3）预测设备发生故障的概率。根据设备及其构成部件之间的结构关系及影响系数，根据各部件的运行状态预测设备可能发生故障的概率。例如，水轮机水导轴承由油系统、冷却水和瓦等构成，可以根据油、水和瓦的状态，预测水导轴承发生故障的概率。

（4）预测可能发生故障的部件。根据设备历史数据及部件之间的结构关系，预测最可能出现故障的部件。

故障预测是一个推理问题，与故障预测的目标、方法和可用数据等密切相关，为了提高故障预测的准确性，在开展故障预测时，应重点关注故障概率的置信水平、监测数据的有效性和分析方法等问题。

6.2　基于SVM的故障预测

对于给定的训练样本：$(x_i,\ y_i)$，$x\in R^d$，$y_i\in R$ $(i=1,\ 2,\ \cdots,\ n)$，线性回归的目标就是求下列回归函数：

$$f(x)=(w\cdot x_i)+b \tag{6-1}$$

其中，$w\in R^n$，$b\in R$，$(w\cdot x)$ 为 w 与 x 的内积，并且满足结构风险最小化原理，即最小化：

$$Q(w)=\frac{1}{2}(w\cdot w)+CR_{emp}(f) \tag{6-2}$$

其中　C——惩罚因子，实现在允许的回归误差和算法复杂程度之间的折中；

$R_{emp}(f)$——损失函数。

常用的损失函数有：二次函数、Hube函数、Laplace函数和 ε -不敏感函数。其中 ε -不敏感函数具有较好的性质，得到了广泛的应用。ε -不敏感函数的定义为

$$L_\varepsilon(d,y)=\begin{cases}|d-y|-\varepsilon, & |d-y|>\varepsilon\\ 0, & \text{其他}\end{cases} \tag{6-3}$$

ε 为某给定的允许误差。引入 ε -不敏感函数时，式（6－3）可以写成

$$Q(w)=\frac{1}{2}(w\cdot w)+C\,\frac{1}{n}\sum_{i=1}^{n}|y_i-f(x_i)|_\varepsilon \tag{6-4}$$

显然，当 $|y_i-(w\cdot x_i)-b|\leqslant\varepsilon(i=1,2,\cdots,n)$，即所有点均落在由 $f(x)+\varepsilon$ 和 $f(x)-\varepsilon$ 组成的带状区域内，式（6－4）可以写成：

$$\min\frac{1}{2}(w\cdot w) \tag{6-5}$$

约束条件：
$$\begin{cases}y_i-w\cdot x-b\leqslant\varepsilon\\ w\cdot x-y_i+b\leqslant\varepsilon\end{cases}$$

考虑到上述条件不能充分满足，引入松弛因子 $\xi_i\geqslant0$ 和 $\xi_i^*\geqslant0(i=1,2,\cdots,n)$。则式（6－5）可写成：

$$\min\frac{1}{2}(w\cdot w)+C\sum_{i=1}^{n}(\xi_i+\xi_i^*) \tag{6-6}$$

约束条件：
$$\begin{cases}y_i-w\cdot x-b\leqslant\varepsilon+\xi_i\\ w\cdot x-y_i+b\leqslant\varepsilon+\xi_i^*\end{cases}$$

上述问题可以通过求解最大化下列二次型：

$$Q(\alpha,\alpha^*)=-\varepsilon\sum_{i=1}^{n}(\alpha_i^*+\alpha_i)+\sum_{i=1}^{n}y_i(\alpha_i^*-\alpha_i)-\frac{1}{2}\sum_{i=1}^{n}(\alpha_i^*-\alpha_i)(\alpha_j^*-\alpha_j)(x_i\cdot x_j) \tag{6-7}$$

的参数 α_i^*、α^* 而得到解决。其约束条件为

$$\begin{cases}\sum_{i=1}^{n}(\alpha_i^*-\alpha_i)=0\\ 0\leqslant\alpha_i^*\leqslant C\\ 0\leqslant\alpha_i\leqslant C\end{cases} \tag{6-8}$$

求解出式（6－8）各系数后，就可得到对未来样本 x 的预测函数，即

$$f(x,\alpha_i,\alpha_i^*)=\sum_{i=1}^{n}(\alpha_i-\alpha_i^*)(x_i\cdot x)+b \tag{6-9}$$

对于非线性问题，可以用核函数 $K(x_i,x_j)$ 来替代内积运算，实现由低维空间到高维空间的映射，从而使低维空间的非线性问题转化为高维空间的线性问题。引入核函数后，优化目标函数变为

$$Q(\alpha,\alpha^*) = -\varepsilon\sum_{i=1}^{n}(\alpha_i^* + \alpha_i) + \sum_{i=1}^{n}y_i(\alpha_i^* - \alpha_i) - \frac{1}{2}\sum_{i=1}^{n}(\alpha_i^* - \alpha_i)(\alpha_j^* - \alpha_j)K(x_i \cdot x_j) \tag{6-10}$$

而相应的预测函数为

$$f(x,\alpha_i,\alpha_i^*) = \sum_{i=1}^{n}(\alpha_i - \alpha_i^*)K(x_i \cdot x) + b \tag{6-11}$$

6.3　基于时间序列AR模型的故障预测

时间序列分析是基于随机过程理论和数理统计学的方法。由于时间序列分析方法是一个小样本理论，应用起来方便简单，符合实际工程中样本数量较小情况的需求，因此在信号处理及金融分析等众多领域有广泛应用。

在工程领域，主要有自回归模型（AR）、滑动平均模型（MA）和自回归滑动平均模型（ARMA）。在上述三种模型中，AR模型应用最广泛，这是由于AR模型的参数辨识简单、计算量小、实时性好，且MA模型和ARMA模型均可以由高阶AR模型来逐渐逼近。

6.3.1　AR模型

AR模型指时间序列$\{x_t\}$，其具有的结构为

$$\begin{cases} x_t = \varphi_1 x_{t-1} + \varphi_2 x_{t-2} + \cdots + \varphi_p x_{t-p} + a_t \\ \varphi_p \neq 0 \end{cases} \tag{6-12}$$

式中　φ——自回归系数；

a_t——相互独立的白噪声序列，且为服从均值为0、方差为σ_a^2的正态分布，$t=0$，±1，…。可见，AR模型是一种线性预测。

式（6-12）称为p阶AR模型，简单记为AR(p)。

6.3.2　ARMA模型

ARMA模型的建模理论基础是利用历史数据序列的信息，根据统计获得的数据序列中存在的相关关系，找到序列值之间相关关系的规律，拟合出可以描述这种关系的模型，进而利用模型对序列的未来走势进行预测。

ARMA模型利用系统过去若干个时刻的状态以及过去若干个时刻噪声项进行线性组合，来对当前的状态做出估计和预测。对一个线性系统，输入白噪声序列a_t，输出一个平稳序列x_t，输入输出关系可以表示为ARMA模型，将时间序列x_t表示为当前时间之前的序列值、白噪声的过去值以及当前值的加权和的形式：

$$x_t=\varphi_1 x_{t-1}+\varphi_2 x_{t-2}+\cdots+\varphi_p x_{t-p}+a_t-\theta_1 a_{t-1}-\cdots-\theta_q a_{t-q} \tag{6-13}$$

式（6-13）称为自回归滑动平均模型，记为 ARMA(p,q)。

6.3.3 ARIMA 模型

针对一些数据序列中通常存在的趋势性和季节性的处理问题，有学者提出了差分运算处理和 ARMA 模型相结合的 ARIMA 模型和季节 ARIMA 模型，并在实际应用中取得了良好的效果。

为了阐述方便，定义延迟算子 B，那么

$$x_{t-p}=B^{p}x_t, \forall p\geqslant 1 \tag{6-14}$$

一阶差分的概念就是去序列中前后相邻两个值之间的差值，即

$$\nabla x_t=x_t-x_{t-1}=(1-B)x_t \tag{6-15}$$

以此类推，可以得到多阶差分，即

$$\nabla^{d} x_t=\nabla^{d-1}x_t-\nabla^{d-1}x_{t-1}=(1-B)^{d}x_t \tag{6-16}$$

对于某些时间序列，进行 d 阶差分后，符合 ARMA 模型，模型结果为

$$\varphi(B)\nabla^{d}x_t=\theta(B)a_t \tag{6-17}$$

其中

$$\begin{aligned}\varphi(B)&=1-\varphi_1 B-\varphi_2 B^2-\cdots-\varphi_p B^p\\ \theta(B)&=1-\theta_1 B-\theta_2 B^2-\cdots-\theta_q B^q\end{aligned} \tag{6-18}$$

称为求和自回归滑动平均模型，记为 ARIMA(p，d，q)。

6.4 基于贝叶斯网络的故障预测

6.4.1 贝叶斯理论

数理统计学是以概率论为理论基础，通过观测和试验获取随机现象统计规律的学科，其任务是通过样本的信息来推断总体的信息。在数理统计学中，样本具有两重性：样本既可以看成具体的数，又可以看成随机变量。当把样本看作随机变量时，它有概率分布，称为总体分布。总体分布在统计推断中发挥重要作用，其给予的信息称为总体信息。而从总体信息中抽取的样本所提供的信息称为样本信息。在生产生活实践中，根据以往积累经验或历史数据资料分析，还可以获得一些其他信息。这些在抽样之前获得的可以用于统计推断的信息称为先验信息。基于总体信息和样本信息进行统计推断的理论和方法，为经典统计学或古典统计学。而将先验信息纳入，综合以上信息进行统计推断的理论和方法称为贝叶斯统计学。

6.4.1.1　随机事件与概率

自然界和社会生活中发生的各种现象，总体上可以分为确定性现象和随机现象。对于确定性现象在一定条件下必然会发生。而对于随机现象，在一定条件下其结果具有不确定性，可能出现多种不同的结果。对于单次试验或观察，随机现象的结果可能是未知的。但经过大量重复试验或观察，其结果又具有一定的统计规律。概率论是研究随机现象的一个数学分支，也是数理统计学的数学基础。在概率论中，将可以在相同条件下重复进行、事先明确所有可能结果但不确定哪个结果出现的试验，称为随机试验，记为 E。将随机试验 E 的所有可能结果组成的集合称为 E 的样本空间，记为 $S=\{e\}$，样本空间中的每一个元素称为样本点 e。

一般地，将随机试验 E 的样本空间 S 的子集称为 E 的随机事件，简称事件。在每次试验中，当且仅当这一子集中的一个样本点出现时，称这一事件发生。样本空间 S 包含了所有的样本点，是其自身的子集。每次试验必定会发生，称为必然事件。空集$\varnothing$不包含任何样本点，也是样本空间 S 的子集，称为不可能事件。事件是一个集合，因而事件间的关系与事件的运算可以按照集合论来处理。

在经典概率论中，采用概率这一概念来描述事件发生的可能性，其由事件发生的频繁程度即频率所引出。大量试验证明，当重复试验的次数逐渐增大时，事件发生的频率呈现稳定的趋势，逐渐趋向于某个常数，这个频率稳定性就是通常所说的统计规律性。

经典概率论中对概率的定义如下：

设 E 是随机时间，S 是它的样本空间。对于 E 的每个事件 A 赋予一个实数，记为 $P(A)$，如果集合函数 $P(\cdot)$ 满足下列的三个条件：

（1）非负性：对于每个事件 A，有 $P(A)\geqslant 0$。

（2）规范性：对于必然事件 S，有 $P(S)=1$。

（3）可列可加性：设 A_1，A_2，A_3，…，A_n 是 n 个两两不相容的事件，$P(\bigcup_{i=1}^{n} A_i)=\sum_{i=1}^{n} P(A_i)$。

则称 $P(A)$ 为事件 A 的概率。

6.4.1.2　条件概率与乘法定理

在实际问题中，经常会遇到的一个问题是，在某一事件 A 已发生的条件下，求事件 B 发生的概率，即所谓的条件概率。设 A 和 B 都是随机试验 E 的两个事件，如 $P(A)$ 表示事件 A 发生的概率，则事件 B 在事件 A 已发生的情况下发生的条件概率记为 $P(B\mid A)$，且

$$P(B|A)=\frac{P(AB)}{P(A)} \tag{6-19}$$

式中 $P(AB)$ ——事件 A 与事件 B 的积事件发生的概率。

条件概率 $P(\cdot \mid A)$ 符合经典概率定义中的三个条件，即

(1) 非负性：对于每个事件 B，有 $P(B \mid A) \geqslant 0$。

(2) 规范性：对于必然事件 S，有 $P(S \mid A)=1$。

(3) 可列可加性：设 B_1，B_2，B_3，…，B_n 是 n 个两两不相容的事件，$P(\bigcup_{i=1}^{n} B_i)=\sum_{i=1}^{n} P(B_i \mid A)$。

由条件概率的定义，可以得到如下概率的乘法定理：

设 A 和 B 是随机试验 E 的两个事件，如事件 A 发生的概率 $P(A)>0$，事件 B 在事件 A 已发生的情况下发生的条件概率记为 $P(B \mid A)$，则有

$$P(AB)=P(B|A)P(A) \tag{6-20}$$

式 (6-20) 称为乘法公式，可以将其推广到多个事件的积事件的情况。

设 A_1，A_2，A_3，…，A_n 是 n 个事件，$n \geqslant 2$，且 $P(A_1 A_2 \cdots A_n)>0$，则

$$P(A_1 A_2 \cdots A_n)=P(A_n|A_1 A_2 \cdots A_{n-1})P(A_{n-1}|A_1 A_2 \cdots A_{n-2}) \cdots P(A_2|A_1)P(A_1) \tag{6-21}$$

由条件概率可知，通常情况下，事件 A 的发生是对事件 B 的发生有影响的，但在某些情况下，这种影响是不存在的，此时会有

$$P(AB)=P(B)P(A) \tag{6-22}$$

如果式 (6-22) 成立，则可以称事件 A 与事件 B 相互独立。一般的，设 A_1，A_2，A_3，…，A_n 是 n 个事件，$n \geqslant 2$，如果对于其中任意 2 个、任意 3 个、任意 n 个事件的积事件概率，都等于各事件概率之积，则称事件 A_1，A_2，A_3，…，A_n 相互独立。

6.4.1.3 随机变量与分布函数

设随机试验 E 的样本空间为 $S=\{e\}$，$X=X(e)$ 是定义在样本空间 S 上实值单值函数，则称 X 为随机变量。随机变量本质上是一个函数，是从样本空间的子集到实数的映射，将事件转换为一个数值。

从以上随机变量的定义可知，随机变量在不同的条件下，由于偶然因素影响，其可能取不同的值，具有不确定性和随机性。

随机变量的取值随随机试验的结果而定，而试验的各个结果具有统计规律性，按照随机变量可能取得值，分为离散型随机变量和连续型随机变量。离散型随机变量在一定区间内变量数值可以一一列举出来；连续型随机变量在一定区间内变量取值无法一一列举出来。

对于离散型随机变量和连续型随机变量，可以定义累积分布函数来描述其落在某一区间的概率。

以下为累积分布函数的定义。

设 X 是一个随机变量，x 是任意实数，有函数 $F(x)$ 满足

$$F(x)=P\{X\leqslant x\},\quad -\infty<x<\infty \tag{6-23}$$

则称函数 $F(x)$ 为随机变量 X 的累积分布函数，简称分布函数。

分布函数具有如下三条性质：

(1) $F(x)$ 是一个不减函数。

(2) $0\leqslant F(x)\leqslant 1$，且 $F(-\infty)=\lim\limits_{x\to-\infty}F(x)=0$，$F(\infty)=\lim\limits_{x\to\infty}F(x)=1$。

(3) $F(x+0)=F(x)$，即 $F(x)$ 是右连续的。

设离散型随机变量 X 所有可能取的值为 $x_k(k=1,2,\cdots)$，X 取各个可能值的概率，即事件 $\{X=x_k\}$ 的概率为

$$P(X=x_k)=p_k \tag{6-24}$$

式（6-24）为离散型随机变量 X 的分布律。离散型随机变量的分布律也可以用表格形式来表示。一般的，设离散型随机变量的分布律由式（6-24）描述，则其累积分布函数为

$$F(x)=P(X\leqslant x)=\sum_{x_k\leqslant x}p_k \tag{6-25}$$

接下来介绍三种重要的离散型随机变量及其分布。

(1)（0-1）分布。设随机变量 X 只能取 1 或 0 两个值，其分布律是

$$P(X=k)=p^k(1-p)^{1-k},\quad k=0、1 \tag{6-26}$$

其中，$0<p<1$，则称随机变量 X 服从以 p 为参数的（0，1）分布或两点分布。

(2) 二项分布。设随机变量 X 是 m 个独立的成功/失败试验（又称为伯努利试验）中成功的次数，每次试验成功的概率为 p，其分布律是

$$P(X=k)=\binom{m}{k}p^k(1-p)^{m-k}\quad ,k=0,1,2,\cdots,m \tag{6-27}$$

其中：$\binom{m}{k}=\dfrac{m!}{k!\,(m-k)!}$是二项式系数，则称随机变量 X 服从参数为 m 与 p 的二项分布，记为 $X\sim B(m,p)$。

当 $m=1$ 时，二项分布就是（0，1）分布。

(3) 泊松分布。设离散型随机变量 X 可能的取值为 0，1，2，…，而取各个值的概率为

$$P(X=k)=\frac{\lambda^k e^{-\lambda}}{k!}\quad ,k=0,1,2,\cdots \tag{6-28}$$

其中，$\lambda>0$ 是常数，则称随机变量 X 服从参数为 λ 的泊松分布，记为 $X\sim P(\lambda)$。

对于连续型随机变量 X，如果对于 X 的分布函数 $F(x)$，存在非负的函数 $f(x)$，使其对于任意实数 x 有

$$F(x)=\int_{-\infty}^{x} f(t)\mathrm{d}t \tag{6-29}$$

则称 $f(x)$ 为 X 的概率密度函数，简称概率函数。

概率密度函数具有以下四条性质：

(1) $f(x)\geqslant 0$。

(2) $\int_{-\infty}^{x} f(x)\mathrm{d}x=1$。

(3) 对于任意实数，x_1，$x_2(x_1\leqslant x_2)$，即

$$P\{x_1\leqslant x\leqslant x_2\}=F(x_2)-F(x_1)=\int_{x_1}^{x_2} f(x)\mathrm{d}x$$

(4) 若 $f(x)$ 在点 x 处连续，则有 $F'(x)=f(x)$。

下面介绍四种重要的连续型随机变量及其分布。

1. 均匀分布

设连续型随机变量 X 具有概率密度函数：

$$f(x)=\begin{cases}\dfrac{1}{b-a} & ,a<x<b \\ 0 & ,\text{其他}\end{cases} \tag{6-30}$$

则称随机变量 X 在区间 $(a，b)$ 上服从均匀分布，记为 $X\sim U(a，b)$。

2. 贝塔分布

设连续型随机变量 X 具有概率密度函数：

$$f(x)=\frac{\Gamma(\alpha+\beta)}{\Gamma(\alpha)\Gamma(\beta)}x^{(\alpha-1)}(1-x)^{\beta-1} \quad ,0\leqslant x\leqslant 1 \tag{6-31}$$

其中，$\Gamma(\cdot)$ 是伽马函数，称随机变量 X 服从参数为 α 和 β 的贝塔分布，记为 $X\sim \mathrm{B}(\alpha，\beta)$。若 α 和 β 都等于 1，则贝塔分布退化为均匀分布。

3. 伽马分布

设连续型随机变量 X 具有概率密度函数：

$$f(x)=\frac{\beta^{\alpha}}{\Gamma(\alpha)}x^{(\alpha-1)}\mathrm{e}^{-\beta x}, \quad x>0 \tag{6-32}$$

式中 $\Gamma(\cdot)$ ——伽马函数，称随机变量 X 服从参数为 α 和 β 的伽马分布，记为 $X\sim \mathrm{G}(\alpha，\beta)$。

4. 正态分布

设连续型随机变量 X 具有概率密度函数：

$$f(x)=\frac{1}{\sqrt{2\pi}\sigma}e^{-\frac{(x-\mu)}{2\sigma^2}}\quad,-\infty<x<\infty \tag{6-33}$$

其中，μ 和 $\sigma(\sigma>0)$ 是常数，称随机变量 X 服从参数为 μ 和 σ 的正态分布或高斯分布，记为 $X\sim N(\mu,\sigma^2)$。

对于随机变量的分布，数学期望和方差是其重要的数字特征。数学期望反映随机变量平均取值的大小，而方差则是用来度量随机变量与其数学期望之间的偏离程度。

对于离散型随机变量 X，其数学期望 E_X 和方差 D_X 可表示为

$$E_X=\sum_{k=1}^{\infty}x_k p_k \tag{6-34}$$

$$D_X=\sum_{k=1}^{\infty}(x_k-E_X)^2 p_k \tag{6-35}$$

对于连续型随机变量 X，其分布由概率密度 $f(x)$ 描述，则其数学期望 E_X 和方差 D_X 可表示为

$$E_X=\int_{-\infty}^{\infty}xf(x)\mathrm{d}x \tag{6-36}$$

$$D_X=\int_{-\infty}^{\infty}(x-E_X)^2 f(x)\mathrm{d}(x) \tag{6-37}$$

6.4.1.4　贝叶斯公式

设 S 为随机试验 E 的样本空间，B_1，B_2，…，B_n 为 E 的一组事件，若满足以下两个条件，即

(1) $B_iB_j=\varnothing$，$i\neq j$，$j=1$，2，…，n。

(2) $B_1\cup B_2\cup\cdots\cup B_n=S$。

则称 B_1，B_2，…，B_n 为样本空间 S 的一个划分，对于每次试验，B_1，B_2，…，B_n 中必有一个且仅有一个发生。

设 S 为随机试验 E 的样本空间，若 A 为 E 的事件，B_1，B_2，…，B_n 为样本空间 S 的一个划分，且 $P(B_i)>0(i=1,2,\cdots,n)$，则有如下的全概率公式：

$$\begin{aligned}P(A)&=P(A\mid B_1)P(B_1)+P(A\mid B_2)P(B_2)+\cdots+P(A\mid B_n)P(B_n)\\&=\sum_{i=1}^{n}P(A\mid B_i)P(B_i)\end{aligned} \tag{6-38}$$

由全概率公式可以推导出如下的贝叶斯定理。

设 S 为随机试验 E 的样本空间，若 A 为 E 的事件，B_1，B_2，…，B_n 为样本空间 S 的一个划分，且 $P(A)>0$，$P(B_i)>0(i=1,2,\cdots,n)$，则有

$$P(B_i\mid A)=\frac{P(A\mid B_i)P(B_i)}{\sum_{j=1}^{n}P(A\mid B_j)P(B_j)} \tag{6-39}$$

式（6-39）即为贝叶斯公式，贝叶斯公式是贝叶斯统计推断的基础。在贝叶斯公式中，$P(B_i)$ 是事件 B_i 的先验概率，是在事件 A 发生前确定的；$P(A \mid B_i)$ 为似然度，是在事件 B_i 发生后发生事件 A 的条件概率；$P(B_i \mid A)$ 为后验概率，是在事件 A 发生之后再重新修正的事件 B_i 发生的概率。需要注意的是，贝叶斯学派中常常会用到主观概率及人们根据知识或经验对事件发生机会判断的个人信念强弱。贝叶斯公式及其思想体现了人类认识世界的普遍规律，即从对客观世界的主观认识（先验概率）出发，通过实践（获得信息和似然度），提高对客观世界的认识（获得后验概率）。这个过程可以是动态的、重复的，先验信息也可以随着知识积累而不断丰富和完善，其结果是后验信息，更加接近于客观实际。

以上贝叶斯公式是以事件的概率形式给出。在贝叶斯统计推断中，应用更多的是贝叶斯公式概率密度函数形式。贝叶斯统计推断的出发点是：任何一个参数都可以看作随机变量，而不是固定在某一值上，其具有概率分布。假设随机变量 X 的概率密度函数为 $p(x;\theta)$，其中 θ 是一个参数，不同的 θ 对应不同的概率密度函数。从贝叶斯统计理论的角度看，$p(x;\theta)$ 在给定 θ 后，是一个条件概率密度函数，可以表示为 $p(x \mid \theta)$。这个条件概率密度函数提供有关 θ 的信息就是总体信息。当给定 θ 后，从总体 $p(x \mid \theta)$ 中随机抽取样本 $\{x_1, x_2, \cdots, x_n\}$，这些样本中包含有关 θ 的信息，就是样本信息。而从关于 θ 的经验或历史资料分析整理获得的有关 θ 的信息就是先验信息。先验信息可以用于描述 θ 的先验分布，其概率密度函数可用 $\pi(\theta)$ 表示。

在贝叶斯统计推断中，将以上三种信息归纳融合起来，则有在总体分布基础上获得的样本 $\{x_1, x_2, \cdots, x_n\}$ 和参数 θ 的联合概率密度函数为

$$p(x_1,x_2\cdots,x_n,\theta)=p(x_1,x_2\cdots,x_n|\theta)\pi(\theta) \tag{6-40}$$

当样本 $\{x_1, x_2, \cdots, x_n\}$ 给定后，参数 θ 的条件概率密度函数为

$$p(\theta \mid x_1,x_2\cdots,x_n)=\frac{p(x_1,x_2\cdots,x_n,\theta)}{p(x_1,x_2\cdots,x_n)}=\frac{p(x_1,x_2\cdots,x_n \mid \theta)\pi(\theta)}{\int p(x_1,x_2\cdots,x_n \mid \theta)\pi(\theta)\mathrm{d}\theta} \tag{6-41}$$

式中 $p(x_1, x_2\cdots, x_n)=\int p(x_1, x_2\cdots, x_n \mid \theta)\pi(\theta)\mathrm{d}\theta$——样本$\{x_1, x_2, \cdots, x_n\}$的边缘分布，是对参数 θ 的积分；

$p(\theta \mid x_1, x_2\cdots, x_n)$——条件概率密度函数，参数 θ 的后验分布。

由式（6-41），从实际的角度出发，可以将贝叶斯公式看作利用获得的样本信息［即 $p(x_1, x_2\cdots, x_n \mid \theta)$］，将之前对参数 θ 的认识［即 θ 的先验概率密度函数

$\pi(\theta)$］进行调整，调整的结果进一步丰富了对参数 θ 的认识，用后验概率密度函数 $p(\theta \mid x_1, x_2, \cdots, x_n)$ 表示。

在式（6-41）中，样本 $\{x_1, x_2, \cdots, x_n\}$ 的边缘分布 $p(x_1, x_2, \cdots, x_n)$ 是一个常数，不影响后验概率密度函数的形态，很多情况下可以忽略不计，因此在贝叶斯统计推断中也常常将式（6-41）表示为

$$p(\theta|x_1,x_2,\cdots,x_n) \propto p(x_1,x_2,\cdots,x_n|\theta)\pi(\theta) \tag{6-42}$$

即后验概率密度函数正比于似然函数与先验概率密度函数的乘积。

6.4.2　贝叶斯网络基本定理

贝叶斯网络是基于概率推理的有向无环图，该图形化网络模型具有不确定性处理能力，可综合先验知识有效改善传统统计方法的不足，同时可利用观测信息对网络概率进行推理更新。

贝叶斯网络主要包含网络模型和网络参数两个部分。

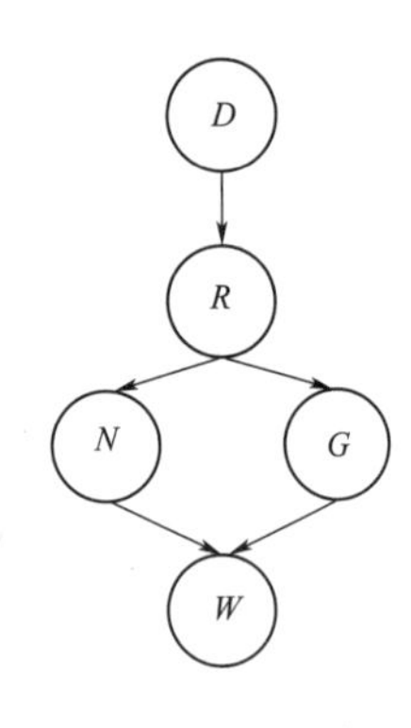

图6-1　贝叶斯网络示例

网络模型实质上是有向无环图，其中节点代表随机变量，网络参数为网络节点的条件概率，即节点间概率因果关系的量化，表达局部关系的依赖性。若网络节点为离散随机变量，其条件概率分布可由条件概率表代替。贝叶斯网络示例如图6-1所示。

贝叶斯网络基本定理是解决给定一个概率分布，是否存在对应的贝叶斯网络，以及给定一个有向无环图，对应的概率分布存在与否这两个基本问题。贝叶斯网络的基本定理如下：

定理1：对概率分布 $p(x_1, x_2, \cdots, x_n)$ 和确定的节点顺序，存在贝叶斯网络 G_B，用 $\Pi_i \subseteq \{X_1, X_2, \cdots, X_{i-1}\}$ 表示 X_i 的父节点集，使得

$$p(x_1, x_2, \cdots, x_n) = \prod_{i=1}^{n} p(x_i \mid x_1, x_2, \cdots, x_{i-1}) = \prod_{i=1}^{n} p(x_i \mid \pi_i, G_B)。$$

如果 $p(x_1, x_2, \cdots, x_n) > 0$，则贝叶斯网络唯一存在。

定理2：给定一个有向无环图 G，存在一个概率分布 P，使得相对于D-separation标准，G 是 P 的完全图。

定理3：关于贝叶斯网络 G_B，和对应的概率分布 P，对于 G_B 中的节点 X，由 X 的父节点、子节点和子节点的父节点构成的节点集是 X 的马尔可夫毯；如果 G_B 是 P 的完全图，这一马尔可夫毯还是马尔可夫边界。

6.4.3　D-Separation准则

贝叶斯网络结构主要有串联结构、散联结构和汇聚结构三种，如图6-2所示。

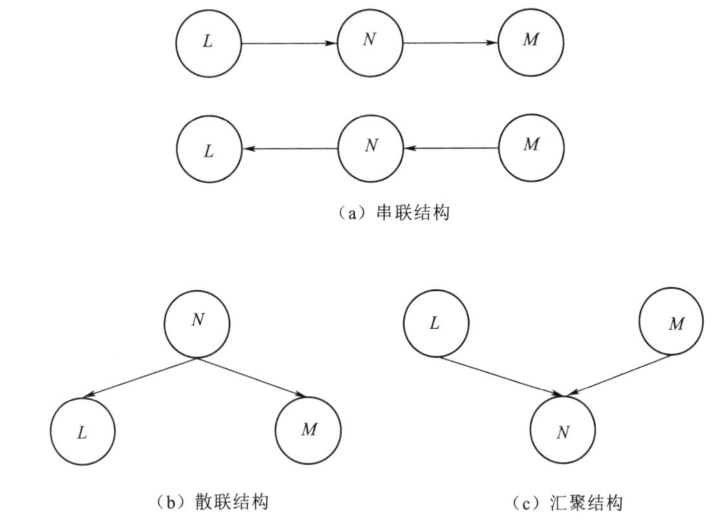

图 6-2 贝叶斯网络结构型式

若变量 L、M 和 N 为某一贝叶斯网络节点集合，且两两无交集，当从节点集合 L 中任意节点到节点集合 M 中任意节点的所有路径中，无任何路径满足如下两个条件之一：

(1) 每个汇聚节点为节点结合 N 的中间节点，或其子节点在节点集合 N 中。

(2) 每个串联节点或散联节点都不在节点集合 N 中。

则称节点集合 N 有向分割节点集合 L 与 M，用 $d(L,N,M)_{\mathrm{B}}$ 表示。

若节点集合 N 有向分割节点集合 L 与 M，则表示节点集合 L 中节点在给定节点集合 N 中节点状态后，与节点集合 M 中所有节点条件独立，表示为

$$d(L,N,M)_{\mathrm{B}} \Rightarrow P(L=l \mid N=n, M=m)=P(L=l \mid N=n) \tag{6-43}$$

设 X_i 为网络中的普通节点，其父节点集合记为 Pa_i，则 Pa_i 状态给定后，除了 X_i 的子节点，X_i 条件独立于其他所有网络节点。利用网络中所有节点条件的独立性，可将整个网络联合概率简化为单个节点条件概率的乘积：

$$P(X_1, X_2 \cdots, X_N)=\prod_{i=1}^{N} P(X_i \mid Pa_i) \tag{6-44}$$

当 Pa_i 为空集时，$P(X_i \mid Pa_i)$ 是根节点的边缘分布。对于图 6-1 所示的网络，利用 D-Separation 准则，则节点集合的联合分布函数可简化为

$$P(D,R,N,G,W)=P(D)P(R \mid D)P(N \mid R)P(G \mid R)P(W \mid N,G) \tag{6-45}$$

6.4.4 贝叶斯网络推理

贝叶斯网络推理算法的分类及常见算法如图 6-3 所示。

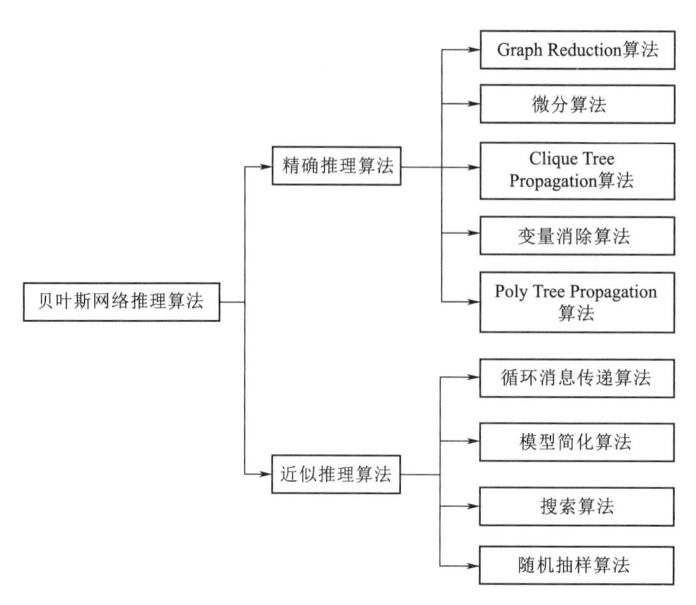

图 6－3　贝叶斯网络推理算法的分类及常见算法

6.5　应　用　举　例

6.5.1　引言

通过贝叶斯网络对各个部件的状态数据进行分析计算，可以得到整个系统或装备的状态概率分布，在前文讨论的实例中，水导轴承发生故障时，根据贝叶斯网络拓扑结构和瓦面、冷却器、冷却水、油槽及油等各个部件的先验概率、条件概率，确定了各个部件发生故障的概率。在水导轴承发生故障的情况下，通过贝叶斯网络推求出导致故障发生的各个部件的后验概率，其中有可能出现故障的后验概率最大，为水导轴承发生故障的主要原因，系统或装备的故障已经发生，通过分析计算找到引起故障的原因，属于故障诊断。而故障预测是在装备或系统正常运行的情况下，即未发生故障的阶段，通过对各个部件状态数据的监测，分析各个部件监测数据之间的关系和变化趋势，预测可能出现故障的概率。

6.5.2　EM 参数学习算法

水轮发电机组部件众多，结构复杂，监测数据类型多、数量大且繁杂，不确定性较大；同时，部分部件获取定量数据困难，且各部件之间相互作用的效应难以确定，水轮发电机组的故障预测中数据结构是有缺失的；另外，各部件可能存在相互影响的关系，无法做到完全相互独立。贝叶斯网络在处理不确定性问题上具有良好的表现，故本书采用贝叶斯网络推理算法，以各部件的监测历史数据为基础，来实现对水轮发电机组可能出现故障的预测。

在缺失部分数据的情况下，比较适合的迭代学习算法是基于期望最大化（expectation maximization，EM）算法。采用该算法计算 BN 网络的最大似然概率，先计算期望，再进行最大化处理，然后计算期望，反复进行。主要思想是，设有参数初始值 $\theta^{(0)}$，经过不断修正后使得最大似然概率最大，即 $\max\{E[\ln p(Y \mid \theta)]\}$，主要步骤是：

步骤 1：期望运算。

$$Q(\theta^{(t)} \mid \theta)=E[\ln p(Y \mid \theta^{(t)}) \mid \theta,D]=\sum_{l}\sum_{Z_1}\ln p(D_1,Z_1 \mid \theta)p(Z_1 \mid D_1,\theta^{(t)}) \tag{6-46}$$

步骤 2：最大化。

将当前函数 $Q(\theta^{(t)} \mid \theta)$ 最大化，即

$$\theta^{(t)}=\underset{\theta^{(t)}}{\arg\max} Q(\theta^{(t)} \mid \theta) \tag{6-47}$$

式中 D——可观测学习的数据；

Z——未观测的数据；

Y——全部训练数据，其中 $Y=D\cup Z$。

6.5.3 结果分析

以某水电站机组水导轴承实例作为研究对象，分析研究基于 EM 算法的 BN 模型在故障预测方面的有效性。本模型的输入变量为节点 C、D、E、G、H、J 的故障概率，中间变量为节点 B、F，输出数据为节点 A 发生故障的概率。搭建如图 5-7 所示的水导轴承 BN 故障预测模型。训练样本见表 6-1。利用表 6-1 所列的样本进行 BN 故障预测模型训练，训练样本来自前文 120 台机组统计资料中的 20 组数据，其中前 10 组作为训练样本，后 10 组作为测试数据。

表 6-1　　训练样本

序列	输入变量						中间变量		输出故障概率
	C	D	E	G	H	J	B	F	A
1	0.010	0.010	0.250	0.010	0.070	0.060	0.188	0.143	0.185
2	0.040	0.030	0.250	0.950	0.070	0.060	0.950	0.950	0.950
3	0.050	0.030	0.450	0.010	0.860	0.060	0.183	0.124	0.246
4	0.010	0.010	0.360	0.010	0.070	0.890	0.197	0.138	0.356

续表

序列	输　入　变　量						中间变量		输出故障概率
	C	D	E	G	H	J	B	F	A
5	0.960	0.010	0.250	0.010	0.070	0.060	0.188	0.143	0.970
6	0.960	0.970	0.250	0.860	0.910	0.890	0.245	0.150	0.980
7	0.010	0.010	0.960	0.550	0.070	0.060	0.239	0.183	0.580
8	0.035	0.056	0.580	0.670	0.070	0.235	0.480	0.690	0.780
9	0.020	0.460	0.640	0.380	0.480	0.550	0.490	0.510	0.670
10	0.030	0.660	0.540	0.480	0.290	0.360	0.370	0.430	0.360

为了验证本书故障预测方法的有效性，利用上述经过训练的BN故障预测模型对测试数据进行预测，输入变量为节点C、D、E、G、H和J的故障概率，中间变量为节点B、F，输出数据为节点A发生故障的预测概率，并与实际概率进行比较，故障预测结果如图6-4所示。由图6-4可知，基于BN的故障预测模型的预测值和实际值基本吻合，预测平均相对误差为5.42%。通过研究发现，贝叶斯网络在处理不确定性问题上具有独特的优势，采用贝叶斯网络模型对水轮发电机组进行故障预测是适用的，且能取得较为满意的效果。

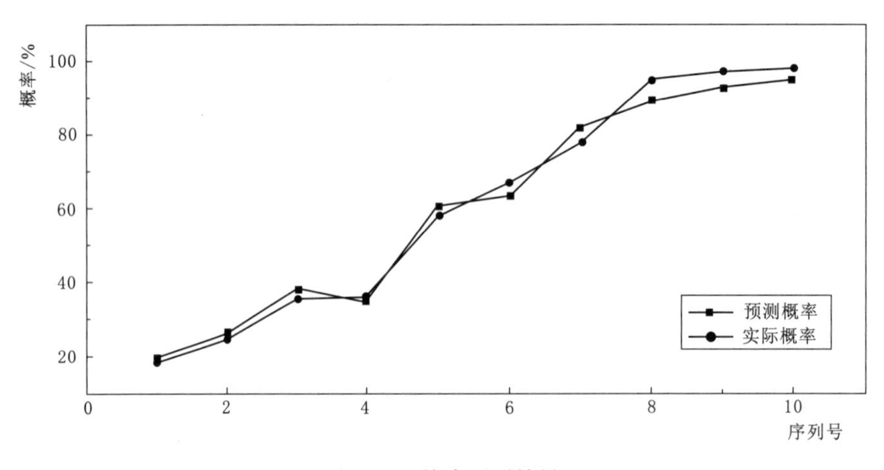

图6-4　故障预测结果

问 题 与 思 考

1. 故障预测的概念是什么？
2. 故障预测的主要内容有哪些？
3. 故障预测的算法主要有哪些？各自基本原理是什么？

第7章 水轮发电机组检修决策

7.1 检修决策概述

7.1.1 检修决策的概念

水轮发电机组检修决策是设备检修管理的关键环节，是指根据设备的状态评估和故障预测的结果，结合检修费用、安全、电网调度及可靠性等，确定当前最佳检修时机和检修内容。

从作出检修决策的过程来看，首先是对水轮发电机组健康状态进行评估，并对故障进行预测；其次是根据状态评估和故障预测的结果，建立检修费用、安全、检修时机和可靠性等多目标最优化决策模型；最后求解最佳的检修策略。因此，建立多目标优化决策模型是作出检修决策的关键。

7.1.2 检修决策的内容

水轮发电机组检修决策是管理者根据状态评估和故障预测结果作出的管理决策，检修决策将给出“该不该修”“何时检修”“检修什么”的问题，其主要内容是：

(1)“该不该修”“何时检修”的问题。传统的计划检修模式，是以时间为基准，到了一定的时间就按照计划检修。而根据机组状态情况确定检修策略，是更加科学的检修方式。根据《水电站设备状态检修技术导则》（DL/T 1246—2013）的规定，水轮发电机组经过状态评估后，结果可以用正常状态、注意状态、异常状态和危险状态四个状态来描述。评估结果为正常状态的，可以继续运行；评估结果为注意状态的，按照计划开展检修；评估结果为异常状态的，适合安排检修；评估结果为危险状态的，应立即安排检修。

(2)“检修什么”的问题。传统的计划检修的模式，检修项目是以规程的形式定好的，不管这个部件是否有问题，按照计划检修即可，因此必然会出现过度检修或检修不足的情况。科学的检修决策就是要根据设备状态评估和故障预测的结果，合理确定检修项目，对正常运行且预测故障发生概率较小的设备，不安排检修；对加速劣化趋势的设备纳入检修项目。

7.1.3　检修决策常用方法

水轮发电机组检修决策方法主要有模糊多属性决策方法、比例风险模型检修时机决策方法和智能优化决策方法等。

（1）模糊多属性决策方法。水轮发电机组的检修决策是一个多属性、多目标优化过程，需要考虑设备可用性、故障风险度及检修费用等多方面因素的影响，由于相关因素具有模糊性和不确定性，因此需要借助模糊理论和多属性决策方法进行设备检修策略的确定。

（2）比例风险模型检修时机决策方法。水轮发电机组检修时机的确定不仅与当前的状态有关，而且还与设备的服役时间、剩余寿命和故障率有关，而比例风险模型是以概率的形式来表征设备状态劣化特征，并综合利用状态监测数据、故障历史数据和检修历史数据等多类信息，因此，可采用比例风险模型进行设备检修时机决策。

（3）智能优化决策方法。智能优化决策方法是指将设备检修决策的影响因素作为约束条件，以各目标函数为优化目标，通过建立问题的数学模型，并采用神经网络、遗传算法等智能算法进行解的全局寻优，求得问题的解即为所求决策的结果。

7.2　基于模糊多属性原理的检修行为决策

7.2.1　模糊多属性决策基本原理

模糊多属性决策的基本模型可描述为：给定一个行为集 $\boldsymbol{A}=\{A_1, A_2, \cdots, A_m\}$，相应的检修行为的属性集 $\boldsymbol{C}=\{C_1, C_2, \cdots, C_n\}$，表示各个属性相对重要程度权重集 $\boldsymbol{w}=\{w_1, w_2, \cdots, w_n\}$。则模糊指标值矩阵 $\tilde{\boldsymbol{F}}$ 可以表示为

$$\tilde{\boldsymbol{F}}=\begin{bmatrix} \tilde{f}_{11} & \tilde{f}_{12} & \cdots & \tilde{f}_{1n} \\ \tilde{f}_{21} & \tilde{f}_{22} & \cdots & \tilde{f}_{2n} \\ \vdots & \vdots & \vdots & \vdots \\ \tilde{f}_{m1} & \tilde{f}_{m1} & \cdots & \tilde{f}_{mn} \end{bmatrix} \tag{7-1}$$

采用广义模糊合成算子对模糊权值向量 $\tilde{w}$ 和模糊指标值矩阵 $\tilde{\boldsymbol{F}}$ 进行变换，得到模糊决策向量 $\tilde{\boldsymbol{D}}$，即

$$\tilde{\boldsymbol{D}}=\tilde{\boldsymbol{w}}^{\circ}\tilde{\boldsymbol{F}}=(\tilde{d}_1,\tilde{d}_2,\cdots,\tilde{d}_m) \quad (7-2)$$

基于模糊集排序方法对模糊决策向量的元素 $\tilde{d}_1$，$\tilde{d}_2$，…，$\tilde{d}_m$ 进行排序，即可选出检修行为集 $\boldsymbol{A}=\{A_1,A_2,\cdots,A_m\}$ 中最优检修行为。

7.2.2 模糊多属性决策方法

通常可采用模糊加权平均型决策方法，其数学表达式为

$$A=\left\{(A_k\mid k\in I),\bigcup(A_k)=\max\left\{\sum_{j=1}^{n}\tilde{w}_j\cdot\tilde{x}_{ij}\right\}\right\} \quad (7-3)$$

其中，检修行为 A_k 的效用价值计算过程如下：

假定函数 g：$R^{2n}\rightarrow R$ 为

$$g(\tilde{z}_i)=\sum_{j=1}^{n}\tilde{w}_j\tilde{x}_{ij}/\sum_{j=1}^{n}\tilde{w}_j \quad (7-4)$$

$$\tilde{z}_i=(\tilde{w}_1,\tilde{w}_2,\cdots,\tilde{w}_n;\tilde{x}_{i1},\tilde{x}_{i2},\cdots,\tilde{x}_{in}) \quad (7-5)$$

因而在积空间 R^{2n} 上，可定义的隶属函数为

$$\mu_{\tilde{z}_i}(z)=[\bigwedge_{j=1}^{n}\mu_{\tilde{w}_i}(w_j)]\wedge[\bigwedge_{j=1}^{n}\mu_{\tilde{x}_{ij}}(x_{ij})] \quad (7-6)$$

而影射产生的模糊效用集 $\tilde{U}_i=g(z_i)$ 具有的隶属度函数为

$$\mu_{\tilde{U}_i}(u)=\sup_{z:g(z)=u}\mu_{\tilde{z}_i}(z),\forall u\in R \quad (7-7)$$

假定决策问题中的精确与模糊的概念都可以采用 L－R 型的梯形模糊数来表示，模糊效用函数采用简单加权平均形式，即

$$\tilde{U}_i=\sum_{j=1}^{n}\tilde{w}_j\tilde{x}_{ij}/\sum_{j=1}^{n}\tilde{w}_j,i=1,2,\cdots,m \quad (7-8)$$

检修行为的确定采用最大化模糊效用值为最佳检修行为的方法，即

$$U_{\max}=\max\{\tilde{U}_i\} \quad (7-9)$$

7.2.3 模糊多属性决策步骤

模糊多属性决策步骤如下：

(1) 建立决策集和属性集。如决策集可以是 A 修、计划检修、继续运行等；属性集可以是检修费用、故障风险度、设备可靠性等。

(2) 确定重要程度等级。由设备检修人员和设计人员对检修行为决策集和属性集确立相对重要程度描述，可以是高、一般和低等。

(3) 定性描述的定量化。采用梯形模糊隶属函数曲线，将定性指标转换为 L－R 型梯形模糊数表示的定量指标。

(4) 建立模糊决策矩阵。

(5) 计算各个检修行为的模糊效用值。

(6) 对各个检修行为按模糊效用值大小进行排序。

(7) 依据最大模糊效用值原则确定最佳的检修行为。

7.3　基于比例风险模型的检修时机决策

7.3.1　威布尔比例风险模型

比例风险模型是 D. R. Cox 于 1972 年提出的一类寿命模型，其能够定量地描述各类影响因素对被分析对象可靠度的影响，其中工作时长被视为影响失效风险的主要变量，而状态特征参数、工作载荷、环境应力、故障历史和检修历史等因素都被视为失效风险的辅助变量，且各因素对设备失效风险产生乘积效应。

风险函数是指 t 时刻未失效而在其后瞬时失效的条件概率，其定义为

$$h(t)=\lim_{\Delta t\to 0}\frac{P\{t\leqslant T\leqslant t+\Delta t \mid T\geqslant t\}}{\Delta t}=\frac{f(t)}{R(t)} \tag{7-10}$$

式中　$f(t)$——失效概率密度函数；

$R(t)$——可靠度函数。

比例风险函数的一般形式为

$$h(t \mid X)=h_0(t)g(X) \tag{7-11}$$

式中　t——设备的工作时间；

X——协变量或解释变量，可以是连续变量或离散值；

$h_0(t)$——基本风险函数；

$g(X)$——协变量函数，常见的有线性函数 $1+\beta X$，指数函数 $\exp(\beta X)$ 等。这里采用指数函数，则有

$$h(t \mid X)=h_0(t)\exp(\beta X) \tag{7-12}$$

威布尔分布为

$$h_0(t)=\frac{\delta}{\alpha}\left(\frac{t}{\alpha}\right)^{\delta-1} \tag{7-13}$$

可得威布尔风险模型为

$$\begin{cases} h(t \mid X)=\dfrac{\delta}{\alpha}\left(\dfrac{t}{\alpha}\right)^{\delta-1}\exp(\beta X) \\ \beta X=\beta_1 X_1+\beta_2 X_2+\cdots+\beta_p X_p \end{cases} \tag{7-14}$$

式中　$h(t \mid X)$——设备的比例故障函数；

δ、α——威布尔分布的形状参数和尺度参数；

X——p 维回归变量，$X=(X_1, X_2, \cdots, X_p)^{\mathrm{T}}$；

β——回归变量系数，$\beta=(\beta_1, \beta_2, \cdots, \beta_p)$。

由威布尔比例风险模型可得设备的积累比例故障率为

$$H(t \mid X)=\int_0^t h(t \mid X)\mathrm{d}t \tag{7-15}$$

故障率函数与可靠度函数之间的关系为

$$h(t)=\frac{f(t)}{R(t)}=-\frac{d}{\mathrm{d}t}\ln R(t) \tag{7-16}$$

则可靠度函数为

$$R(t)=\exp\left[-\int_0^t h(t)\mathrm{d}t\right] \tag{7-17}$$

则相应的基于状态的历史衰退特征到时间 t 的威布尔比例可靠度函数可表示为

$$R(t \mid X)=\exp[-H(t \mid X)]=\exp\left[-\int_0^t \frac{\delta}{\alpha}\left(\frac{t}{\alpha}\right)^{\delta-1}\exp(\beta X)\mathrm{d}t\right] \tag{7-18}$$

7.3.2 比例风险检修时机决策步骤

对设备进行检修的目标是提高设备的可用度，因此可以用最大可用度为决策目标来建立基于威布尔比例风险的决策模型。

可用度是指设备在一段时间内可工作时间所占的百分比，则可用度计算公式为

$$A(t)=\frac{t_{\mathrm{u}}}{t_{\mathrm{u}}+t_{\mathrm{d}}} \tag{7-19}$$

式中 t_{u}——可用时间；

t_{d}——不可用时间。

$$\begin{cases} t_{\mathrm{u}}=\int_0^T R(t)\mathrm{d}t \\ t_{\mathrm{d}}=R(t)t_{\mathrm{p}}+(1-R(t))t_{\mathrm{c}} \end{cases} \tag{7-20}$$

式中 $R(t)$——可靠度函数；

t_{p}——评价预防性检修时间；

t_{c}——评价检修时间。

于是，可用度可以表示为

$$A(t)=\frac{t_{\mathrm{u}}}{t_{\mathrm{u}}+t_{\mathrm{d}}}=\frac{\int_0^T R(t)\mathrm{d}t}{\int_0^T R(t)\mathrm{d}t+R(t)t_{\mathrm{p}}+(1-R(t))t_{\mathrm{c}}} \tag{7-21}$$

令

$$\xi=\frac{t_d}{t_u}=\frac{R(t)t_p+(1-R(t))t_c}{\int_0^T R(t)dt} \tag{7-22}$$

则

$$A(t)=\frac{1}{1+\frac{t_d}{t_u}}=\frac{1}{1+\xi} \tag{7-23}$$

显然，当 ξ 最小时，可用度 $A(t)$ 最大。

7.4 应用举例

目前，水轮发电机组一般采用计划检修方式，以时间为依据，按照6～8年开展一次A修，但这种方式存在过修或漏修的弊端，导致检修成本大。因此，水轮发电机组实施状态检修非常有必要。在状态检修模式下，通过对机组监测的数据进行分析诊断，对机组健康状态进行量化评价和评估，将机组健康度在80%以上的状态定义为正常状态；健康度在70%～80%之间的定义为注意状态；健康度在60%～70%之间的定义为异常状态；健康度在60%以下的定义为危险状态。各个状态的检修决策分别对应为不检修、按计划检修、适时检修和立即检修。因此，可以使用模糊多属性决策方法进行状态检修决策。

（1）建立水轮发电机组健康状态集和状态检修决策集。水轮发电机组健康状态分为正常状态、注意状态、异常状态和危险状态，那么其集合可记为 $A=\{A_1, A_2, A_3, A_4\}$。健康状态对应的检修决策分别为不检修、按计划检修、适时检修和立即检修，其集合可记为 $C=\{C_1, C_2, C_3, C_4\}$。

（2）定量评价水轮发电机组健康状态。为了实现对水轮发电机组健康状态的定量评价，确定了水轮发电机组评价对象和该对象在整个机组中的重要程度，制定了评价对象的评价指标标准，并将定性描述进行定量化处理。某机组健康状态评价结果见表7-1。

表7-1　某水轮发电机组健康状态评价结果

序号	部　件	权重/%	部件健康度/%	评价对象	权重/%	对象健康度/%
一	发电机	45	96.16	—	—	—
1	上导轴承	15	96.8	轴承外观检查	10	100
				上导冷却系统检查	10	100
				油质化验	10	100
				上导轴承摆度	20	84
				上导轴承温度	40	100
				油温油位	10	100

续表

序号	部　件	权重/%	部件健康度/%	评价对象	权重/%	对象健康度/%
2	下导轴承	15	96.8	轴承外观检查	10	100
				下导冷却系统检查	10	100
				油质化验	10	100
				下导轴承摆度	20	84
				下导轴承温度	40	100
				油温油位	10	100
3	推力轴承	20	90.4	推力轴承外观检查	10	100
				推力冷却系统检查	10	100
				油质化验	10	100
				油温油位	10	100
				弹性油箱	10	100
				推力轴承温度	20	92
				推力瓦	20	60
				高压油顶起装置	10	100
4	定转子	20	95.2	转子机械部分	20	80
				定子机械部分	20	100
				定子机座及铁芯振动	40	100
				空气冷却器	20	96
5	上下机架	15	100	上、下机架检查	50	100
				上、下机架振动值	50	100
6	粉尘收集系统	5	100	风闸粉尘吸收系统	100	100
7	机械制动系统	5	100	机械制动系统	100	100
8	发电机大轴	5	100	大轴及联轴螺栓	100	100
二	水轮机	55	94.1	—	—	—
1	导水机构	20	100	活动导叶	25	100
				拐臂、连板、连接板	25	100
				剪断销	25	100
				控制环	25	100
2	水导轴承	15	96	水导油冷却系统	20.00	100.00
				油质化验	10.00	100.00
				水导轴承油温、油位	10.00	100.00
				水导轴承摆度	20.00	100.00
				水导轴承瓦温	20.00	100.00
				水导瓦	20.00	80.00

续表

序号	部　件	权重/%	部件健康度/%	评价对象	权重/%	对象健康度/%
3	补气系统	10	100	大轴补气阀	100	100
4	顶盖排水系统	5	100	顶盖排水泵	30	100
				自流排水	40	100
				顶盖排水泵电机	30	100
5	过流部件	30	89	蜗壳及尾水管	5	100
				顶盖振动	10	100
				顶盖压力脉动	10	100
				顶盖密封	10	100
				顶盖螺栓	10	100
				尾水锥管	10	100
				固定导叶、座环、底环	5	80
				尾水压力脉动	5	100
				尾水及蜗壳进人门	5	100
				转轮	15	100
				蜗壳尾水盘型阀	5	100
6	主轴密封	10	100	主轴密封磨损量	40	100
				主轴密封供水装置	40	100
				空气围带	20	100
7	水轮机轴	10	80	水轮机轴	50	100
				转轮联结螺栓	50	60

(3) 计算水轮发电机组健康状态评价的加权值。经过加权计算，得到水轮发电机组的健康度为95.027，机组整体健康状态评价为正常状态。

(4) 进行状态检修行为决策。由机组整体健康状态可知，水轮发电机组为正常状态，对应的检修策略为“不检修”。

问 题 与 思 考

1. 检修决策的主要内容有哪些？

2. 检修决策常用的方法有哪些？

3. 简述模糊多属性决策方法的步骤？

第8章 水轮发电机组AI-PHM系统应用

8.1 引　言

水力发电是我国能源结构调整的重要形式，是实现“碳达峰”和“碳中和”目标的重要途径，水轮发电机组健康可靠运行在电网的安全稳定运行中发挥着举足轻重的作用。实时准确地掌握水轮发电机组运行的健康状态和预测可能发生的故障，是水轮发电机组健康管理中非常重要的一个环节。目前，一些科研院所和高新企业开展了水轮发电机组状态监测及故障诊断方面的研究，开发了一些在线监测和故障诊断系统，取得了一些成绩。国外研发的类似系统有美国通用电气（GE）的Predix平台、德国申克的Vib4000、奥地利安德里茨的水轮机监测系统等。国内研发的类似产品有：北京奥技异电气的基于流式算法的在线监测系列产品、华科同安的水轮发电机组在线监测系统TN8000等。上述系统都具有数据监测、数据采集和数据分析的功能，能采集机组振动、摆度和空气间隙等数据，并开展频谱分析和轴系稳定性等研究，但对机组的整体健康状态评估、趋势分析和多影响因素下的故障诊断等功能并没有很好的实现，智能化程度还不高。目前，对于大多数水轮发电机组在线监测分析类似系统，普遍还存在以下问题：

（1）信息孤岛。由于水轮发电机组运行状态需要监测的数据庞大且类型不一，如振动数据、摆度数据、转速、水头、功率、温度、空气间隙、局部放电和应力等，往往需要配置多个专业的数据采集系统。如配置在线监测系统采集振动、摆度等数据，配置局放监测系统监测局部放电数据，配置计算机监控系统采集功率、水头等数据。各个系统之间接口不统一、数据格式不兼容，导致系统与系统之间隔离，无法实现多系统的融合和多因素影响的故障分析。因此，一体化平台式开发的思想非常有必要，可以将多个类型的数据统一存储和读取，实现多因素影响的故障诊断分析。

（2）趋势预警不完善。目前常见的在线监测系统，主要侧重于单一参数的监测和绝对值的阈值报警。如在线监测系统，监测振动或摆度的数据，一旦监测的数据超过预设的阈值，将会发出预警。但是这个时候，异常其实已经发生了，而没有做到趋势预警。所谓的趋势预警即根据参数的发展变化的梯度来报警，即使绝对值并没有超出阈值，但趋势梯度已经超过阈值，表征数据在急剧恶化，也应发出报警。

（3）无法实现机组健康状态整体评估。目前开发的系统一般只针对某一种类型的参数做评估，比如在线监测系统监测的振动和摆度数据，可以将近几年的振动摆度数据调取出来进行同工况分析，分析该指标的变化情况。但这种分析往往局限于单一参数的数据分析，而对机组整体的健康情况却不能给出状态评估意见，往往通过多参数的分析，人工给出机组整体健康状态的评价。因此，迫切需要一种全息的及一体化平台的健康管理系统，全面整合各种类似数据，真正做到大数据分析，提高水轮发电机组健康状态评估和诊断的准确性。

针对上述系统存在的问题，结合本书第2章PHM结构体系和人工智能算法，设计开发了基于全息监测的水轮发电机组 AI－PHM 系统，构建了基于全息监测的统一数据服务的一体化平台，针对机组全息监测与分析应用场景，通过规范的数据接口从数据平台获取相关数据在大数据平台中进行处理，并对其过程数据和结果数据进行存储，在运行平台上进行高级应用功能开发和运行支撑，实现包括数据关联与融合管理、经济运行指导、试验与分析、故障诊断预警与维修指导、设备健康状态评估、趋势分析、报表报告以及包括三维展示等手段在内的各项功能。

8.2　基于全息监测的水轮发电机组 AI－PHM 系统设计及实现

8.2.1　水轮发电机组 AI－PHM 系统结构

针对前文所述系统存在的问题，结合本书第2章归纳的PHM结构体系，本书选用分层融合PHM结构，结合人工智能（AI）算法，设计开发了适用于水轮发电机组的 AI－PHM 系统结构，其如图8－1所示。水轮发电机组的 AI－PHM 结构采用开放式总线体系的分层推理结构，分为3层：最底层是分布在水轮发电机组各子系统中的硬件监测设备；中间层是 AI－PHM 处理中心；顶层是管理层，包括水轮发电机组检修保障管理平台及后方检修保障机构。

8.2.2　系统模块

AI－PHM 处理中心是水轮发电机组 AI－PHM 系统的核心，主要包括以下模块：

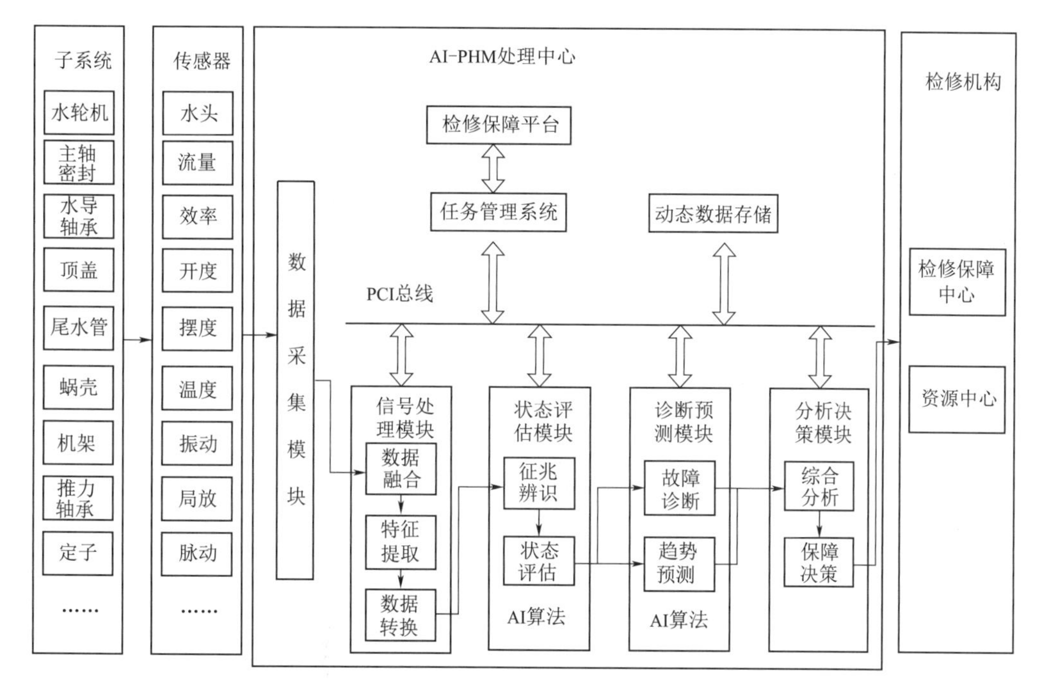

图 8-1 水轮发电机组 AI-PHM 体系结构

(1) 数据采集模块：负责从水轮发电机组各分系统采集所有监测对象的状态参数信息。

(2) 信号处理模块：主要完成采集数据的融合、特征提取和数据转换处理。

(3) 状态监测模块：完成故障征兆辨识和健康状态评估等任务。

(4) 诊断预测模块：主要完成故障诊断和故障趋势预测等。

(5) 分析决策模块：通过综合分析形成最终诊断预测结果、剩余寿命估计和最佳检修保障方案。

(6) 任务管理系统模块：提供用户与 AI-PHM 系统的接口协调控制，完成各项功能。

(7) 动态数据存储模块：主要存储水轮发电机组部件的结构与特性信息、故障机理、专家知识以及各类诊断、预测、推理模型、分析规则和假设条件等。为便于数据库知识的不断更新和完善，将其设置为动态的形式。

8.2.3 基于全息监测的水轮发电机组 AI-PHM 应用系统

结合前文构建的水轮发电机组 AI-PHM 结构体系，本书设计开发了基于全息监测的水轮发电机组 AI-PHM 应用系统，其系统架构如图 8-2 所示。

该系统架构由四层构成，分别是数据采集层、大数据平台层、应用运行平台层和业务应用平台层。

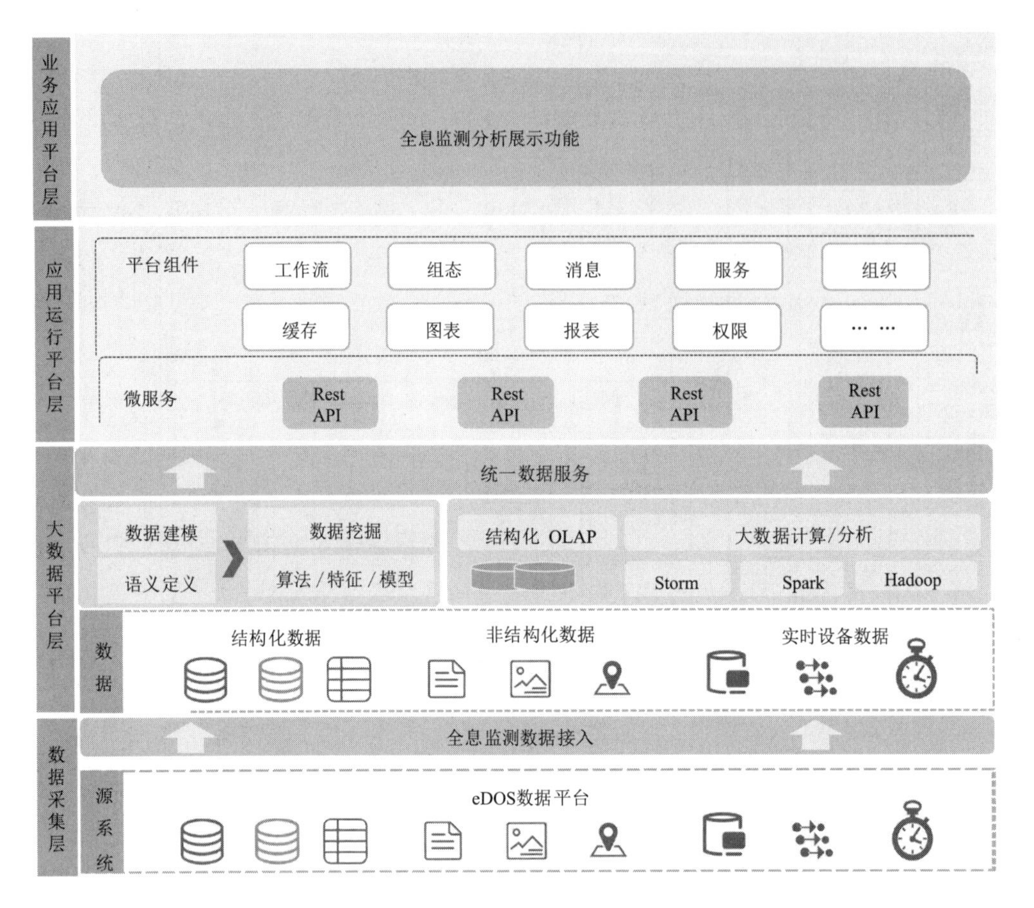

图 8-2　基于全息监测的水轮发电机组 AI-PHM 系统架构

（1）数据采集层为平台提供信息采集功能并可时刻掌握电厂生产运营状态，利用宽频定位、摄像头、智能电子设备 IED、各类机器人、AR 眼镜等设备，辅以智能手持终端、电子表单、PC 端人工录入功能，可自动获取运营管理的关键信息，有利于提高工作效率，减少人为干扰，为实现运维、检修、调度和安全管理数据信息的自动采集、实时共享和及时反馈提供技术支持。

（2）大数据平台层是对数据采集层信息的集成，包含平台所需的基础空间地理、三维模型、实时数据、视频数据和业务流程等方面的数据信息。通过数据中心统一的空间对象编码和模型数据配置，实现对数据库结构的管理和开发，以避免不同来源、不同阶段及不同类型的信息出现冲突、孤立、无法关联等问题。同时，根据管理需要，可通过接口控制实现与上级公司已有业务系统的数据共享。

（3）应用运行平台层是根据功能要求来划分管理对象，以对运营阶段状态的全面感知和信息的即时传达为基础，以项目全生命周期为数据中心，借助物联网、大数据、人工智能、三维技术、图像识别和机器人等前沿技术，实现对运营阶段运维、检修、调度、安全及经营各个环节的高效管控。

(4) 业务应用平台层以三维可视化为载体，集成生产实时数据、视频数据、巡检数据、运行维护数据和检修管理数据，通过统计报表、KPI 指标、电厂全景驾驶舱、知识库、专家库、措施库，实现电站运营过程的信息关联分析与综合管理。

综上所述，基于全息监测的水轮发电机组 AI-PHM 系统，以一体化平台模式开发，整合各个系统监测的数据，系统采用模块化编程思想，每一功能以功能块的形式实现，实现了对水轮发电机组的健康状态进行整体评估，科学确定检修项目和检修时机，助力水力发电企业状态检修的落地。

8.2.4 集群搭建

水轮发电机组 AI-PHM 系统采用分布式架构，从前端搭载微服务 Web 应用，后端连接多数据源：关系型数据库、时序数据存储集群、NoSQL、Hadoop 存储集群等。数据采集根据不同系统，配备专用采集服务器进行远端通信。通过消息队列，将数据送至数据存储和计算部分。一方面，消息队列将需要实时计算的数据送往流计算模块；另一方面，消息队列将其他数据送至分布式数据集群。集群搭建示意图如图 8-3 所示。

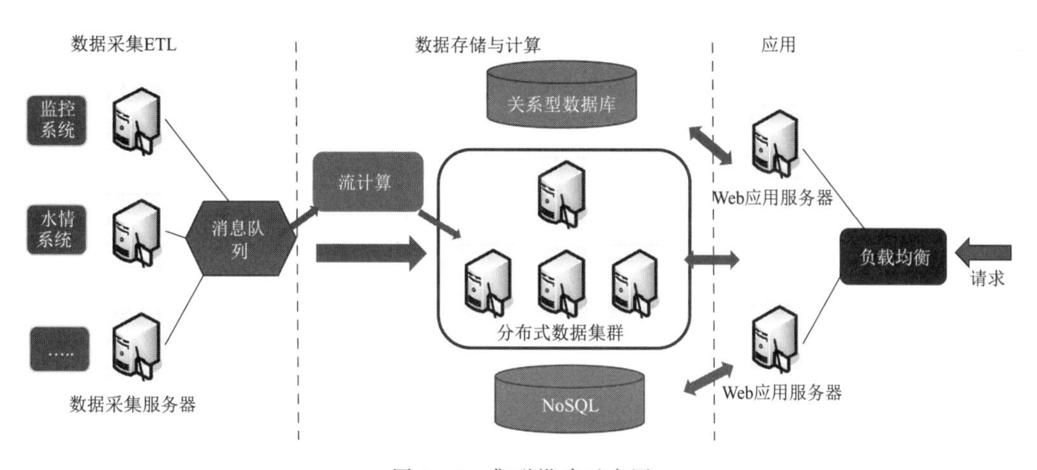

图 8-3 集群搭建示意图

8.2.5 技术架构

(1) 数据采集 ETL。数据采集需统一相应规范。对于不同厂家设备、传感器、通信协议，其数据存储与传输形式可能存在差异。针对异构数据源，建立统一的数据采集接入规范，对各类数据源整理后统一接入。数据采集通过消息队列实现与数据存储与计算层的解耦。

(2) 数据预处理。真实采集的水电行业数据，存在大量“脏”数据，不可直接投入使用，需要对数据进行预处理，使得数据的准确度和可用性更高。针对不同的数据用途，和后续挖掘目标，数据清洗的目标也有所不同。由于水轮发电机组 AI－PHM 系统是一个集成性平台，为了尽可能地保留其未来的挖掘广度，在数据预处理阶段尽量保持数据的所有特性，采用基本的预处理方法。水轮发电机组 AI－PHM 系统的数据预处理技术路线如图 8－4 所示。

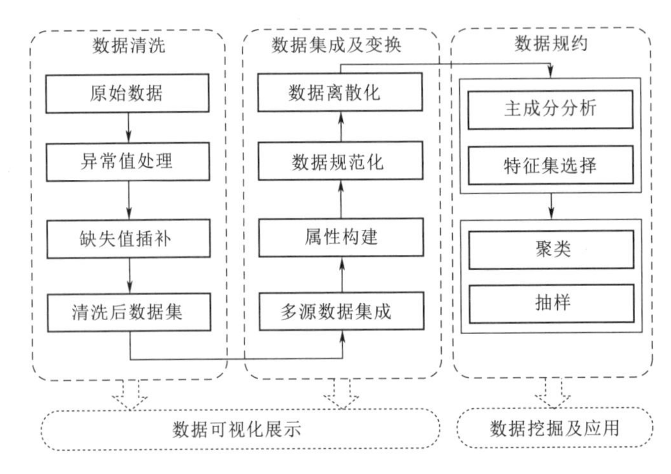

图 8－4　水轮发电机组 AI－PHM 系统的数据预处理技术路线

根据数据需求，主要分为数据清洗阶段、数据集成及变换阶段以及数据规约阶段。具体步骤如下：

第一步：异常值处理。判断数据是否存在异常值，并采用相应的异常值处理方法进行处理。

第二步：缺失值插补。将原始数据中的缺失数据及被判定为缺失值的异常数据进行缺失值插补。

第三步：多源数据集成。将多个表单数据进行集成，形成便于分析挖掘和展示的集成数据。

第四步：属性构建。根据可视化需求及数据挖掘需求，基于原有数据属性构建新的数据属性。

（3）数据存储与计算。根据数据采集部分分析，水轮发电机组 AI－PHM 系统存储数据包含结构化与非结构化数据。其中结构化数据又包括时序数据。基于此，针对各类数据的特点，设计大数据存储框架，如图 8－5 所示。

系统总体架构的核心能力主要是承载了数据采集、流计算、数据存储、分析计算以及对外的接口服务，从应用架构上来看，包括：基于 Kafka 的消息处理、流计算的实时数据处理机制，面向历史数据的批量采集处理、面向日志、高频数据采集文件的文件采集模型，采集的数据统一汇聚到时序数据库。面向数据分析挖掘，将

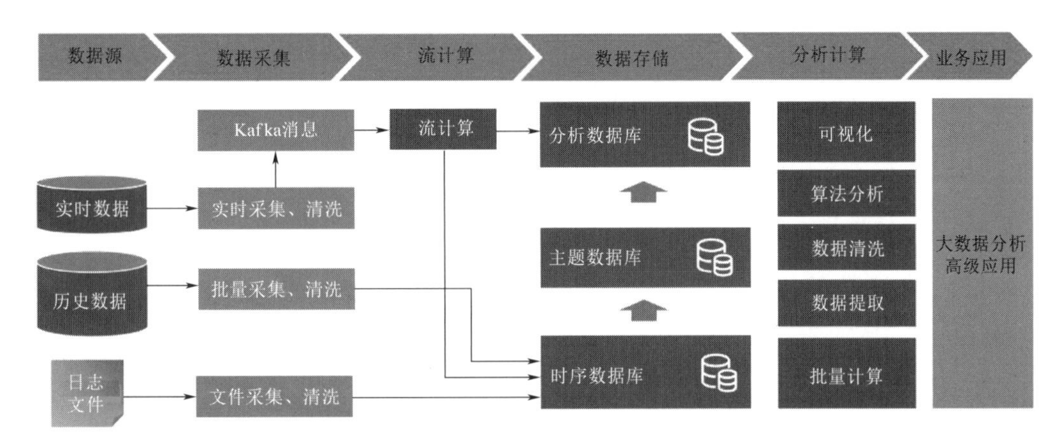

图 8－5 大数据存储架构

时序数据库的数据转入大数据存储系统，支持利用大数据分析工具和算法对数据进行分析和提取特征数据，结果写入分析数据库进行进一步的分析挖掘。

（4）数据分析与挖掘。通过建立水轮发电机组 AI－PHM 系统，为发电企业提供电力数据基础服务，满足运维人员对设备、生产、大坝安全等主题数据和数据共享应用需求。为集团提供数据访问接口，实现业务数据的统一上送与联合调用。数据服务主要包括提供时序视图查询和结构化视图查询等基础查询；支持对存储在对象存储系统中的文档进行全文检索；通过数据集市与数据沙箱对外发布数据和交换数据；数据订阅对全域的原生数据及衍生数据进行筛选、打包、发布及供使用付费下载。

8.3 水轮发电机组 AI－PHM 系统在某水电站的应用

8.3.1 概述

某水电站位于重庆乌江流域干流上，是乌江流域梯级开发的其中一级电站，安装 4 台单机 150MW 的轴流转桨式水轮发电机组，总装机容量 600MW，在我国西南电网中发挥着重要作用。该电站已经投产发电将近 10 年，机组在运行中偶发振动超标等方面的故障，按照基于时间的计划检修的规定，应该开展 A 修。但据运行技术人员统计，机组整体运行情况尚可，振动超标等故障偶发但超标不多，无典型重复或无法解决的缺陷。迫于人力资源和检修成本的控制，无法科学决策该机组是否开展 A 修。加之智慧电厂建设的需要，有必要开展该机组的状态评估工作，给检修等级、检修项目和检修时机提供数据参考。基于前文所述基于全息监测的水轮发电机组 AI－PHM 系统架构，设计开发了该电站水轮发电机组 AI－PHM 系统。该系统整合了振动摆度监测系统、局部发电监测系统、空气间隙监测系统等各系统的数据，并读取机组出厂数据、检修数据、试验离线数据等，采用前文提到的基于 FMECA 及劣化度的状态评估方法及基于贝叶斯网络的故障预测模型，结合信号的特征提取处理与分析技术，实现了水轮发电机组健康状态的评估和故障的数智诊断，为该电站检修决策提供科学依据。

8.3.2　系统功能

该水电站水轮发电机组 AI－PHM 系统主要有四大功能模块，分别是趋势分析、数智诊断、健康状态评估、经济运行指导。

1. 趋势分析

趋势分析是基于时间序列与智能算法的历史大数据统计分析，生成类似工况下历史数据的运行模型，对相关指标的变化情况进行趋势分析，结合设定的相关指标参数变化率限值，在该指标参数变化率越限时发出趋势预警，提前预知可能出现的故障，科学指导工作人员运行、维护及检修安排。该水轮发电机组 AI－PHM 应用系统对机组各部位振动指标的趋势分析如图 8－6 所示；定子铁芯温度趋势分析如图 8－7 所示；压油泵启停次数及时间趋势分析如图 8－8 所示。

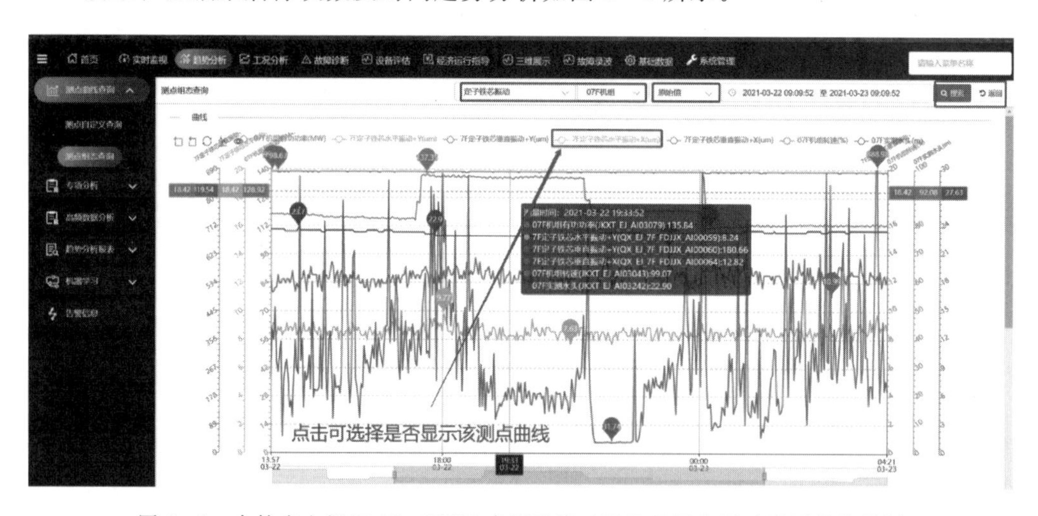

图 8－6　水轮发电机组 AI－PHM 应用系统对机组各部位振动指标趋势分析

2. 数智诊断

为了在故障发生后能够快速精准地查找故障点，基于水轮发电机组健康状态体系及评价指标和贝叶斯网络理论，系统开发设计了数智诊断功能。机组有功功率波动数智诊断如图 8－9 所示。数智诊断过程三维显示分析如图 8－10 所示。

3. 健康状态评估

为了全面掌握水轮发电机组的健康状态，基于构建的水轮发电机组健康状态

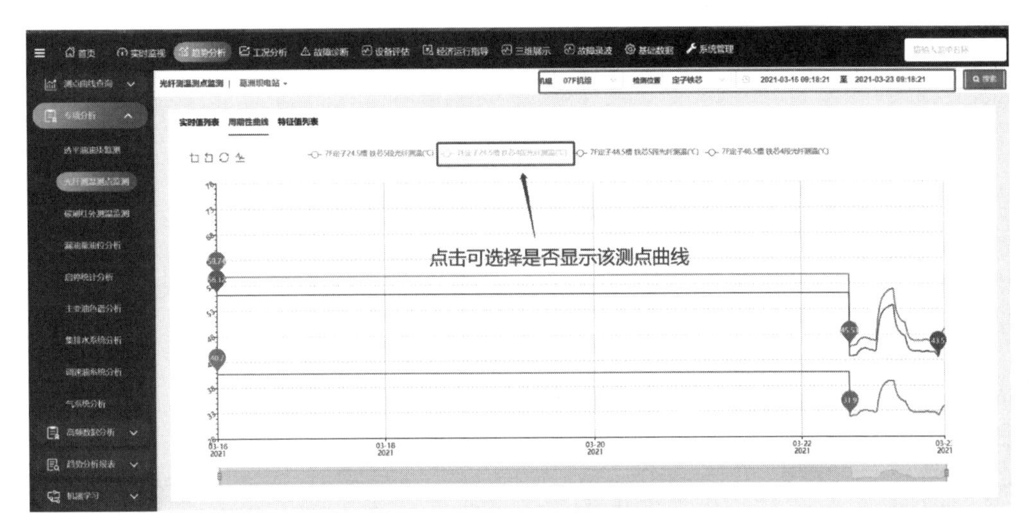

图 8-7 定子铁芯温度指标趋势分析

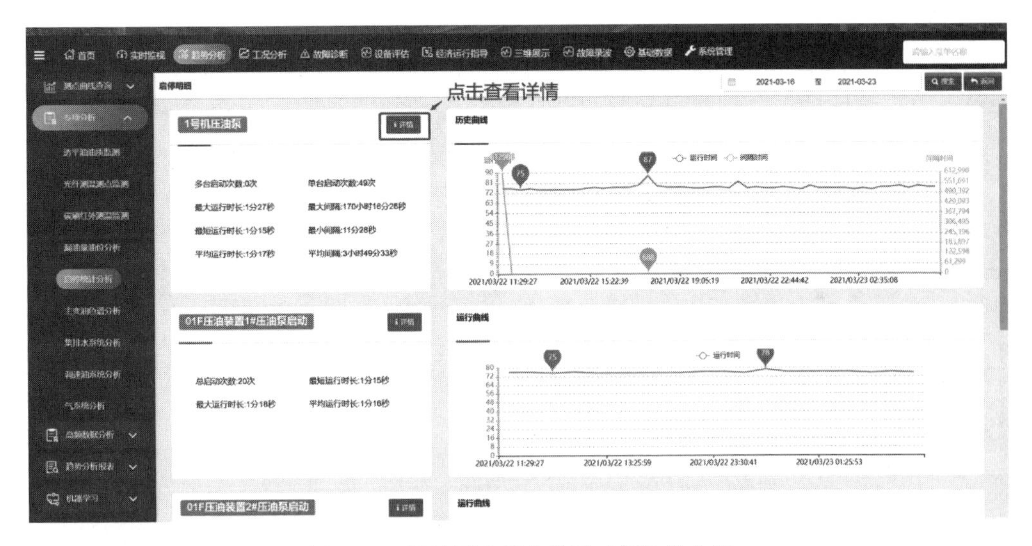

图 8-8 压油泵启停次数及时间趋势分析

评估体系、评价指标以及健康状态评估技术的探研，系统开发了健康状态评估模块，实现了水轮发电机组整体健康状态的定量评价，为实现状态检修提供科学依据。健康状态评估体系及指标搭建如图 8-11 所示。健康状态评估过程如图 8-12 所示。

4. 经济运行指导

经济运行指导是基于系统对机组健康状态监测、评估的基础上，在机组安全稳定运行情况下统计的发电相关数据，为电厂的发电运行及调度提供指导。图 8-13 和图 8-14 为统计的发电相关数据。

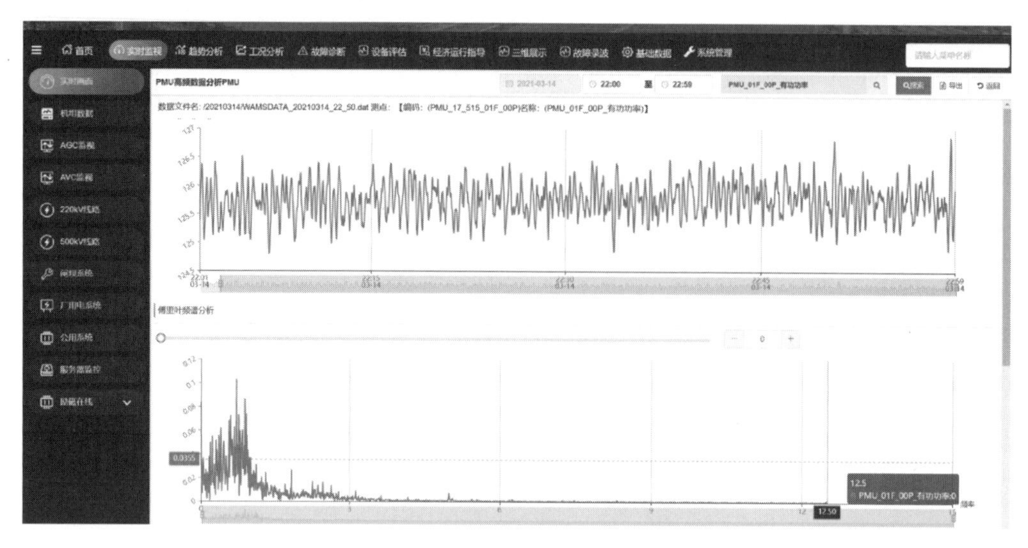

图 8-9 机组有功功率波动数智诊断

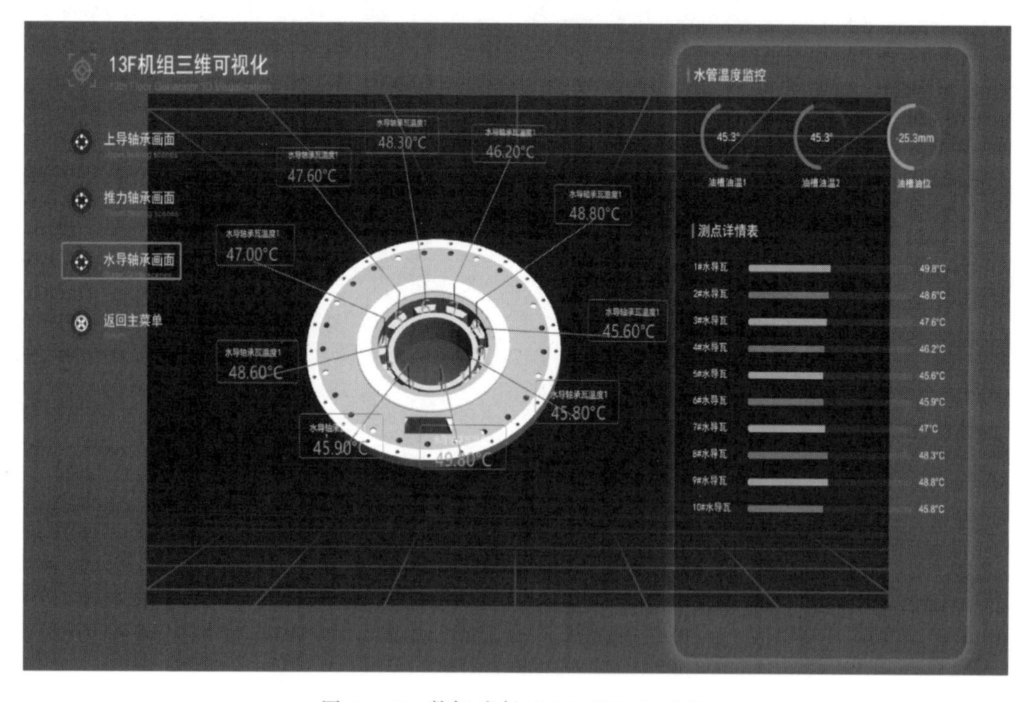

图 8-10 数智诊断过程三维显示分析

8.3.3 实例分析

某水电站位于嘉陵江下游，安装 5 台单机容量 27.5 万 kW 的混流式水轮发电机组。3 号机组在 2014 年 03 月 19 日 72h 试运结束并投入商业运行，2014 年 12 月至

图 8－11 健康状态评估体系及指标搭建

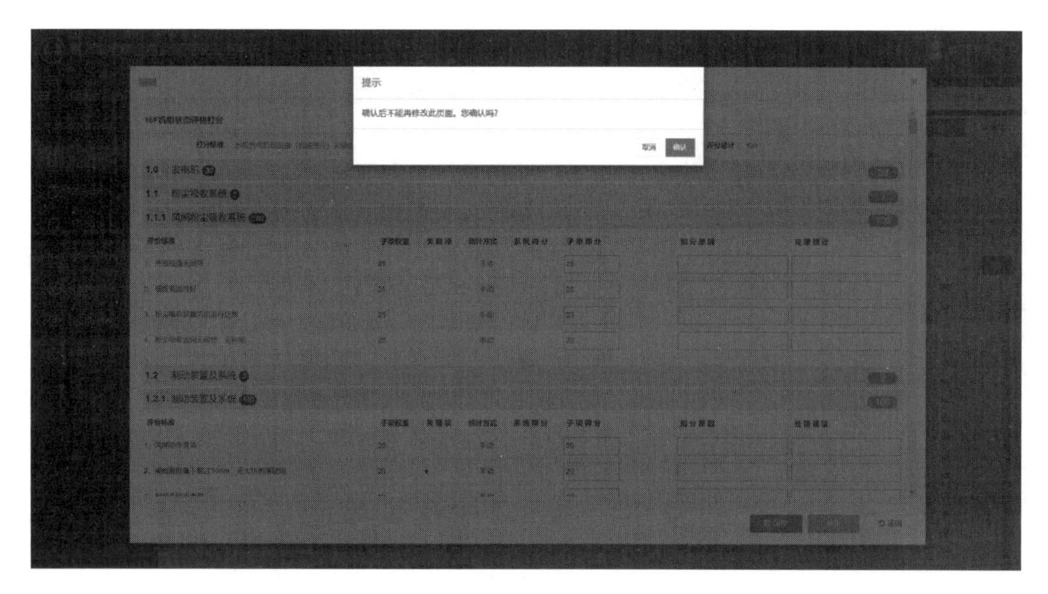

图 8－12 健康状态评估过程

2018 年对 3 号机组进行了 C 级检修 5 次，截至 2019 年 6 月总运行时间 26208h，至今共进行了 5 次 C 修，未进行 A 修和 B 修，检修停运 2008h，备用时间 18081h，最近一次检修在 2018 年 11 月 C 修，总开机 1691 次，停机 1691 次。机组基本不在振动区运行，没有超出力运行情况，机组不存在惰性停机情况，停机没有蠕动，机组制动时间未发生明显变化，水轮机存在轻微空蚀，暂未处理。未发生一类、二类非停及强迫停运，启动可靠度 100%。机组总体上运行稳定，各项指标合格。根据《水电站设备检修管理导则》（DL/T 1066—2007）的相关规定，非多泥沙水电站水轮发

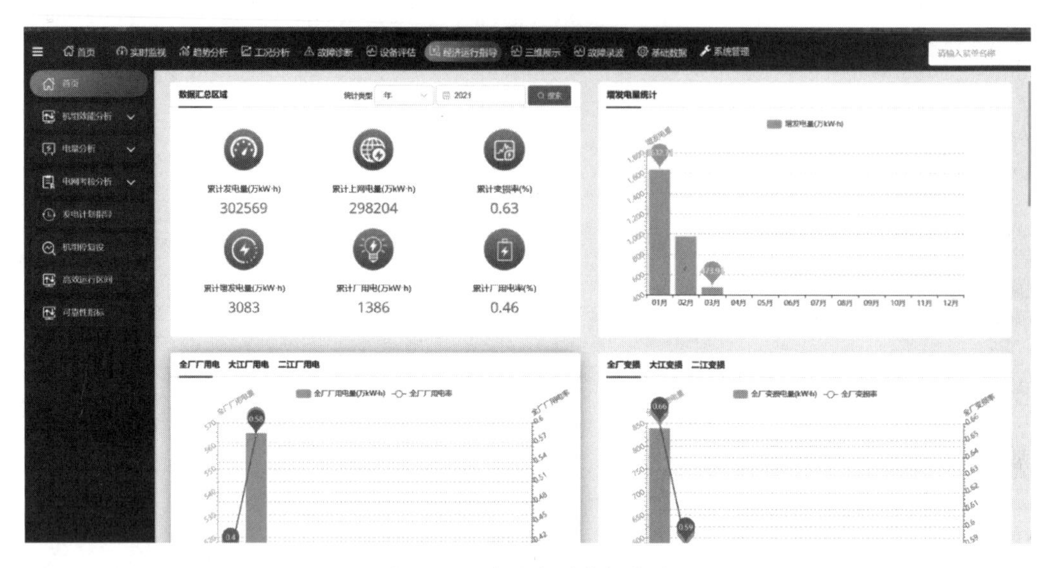

图 8－13　发电相关数据统计

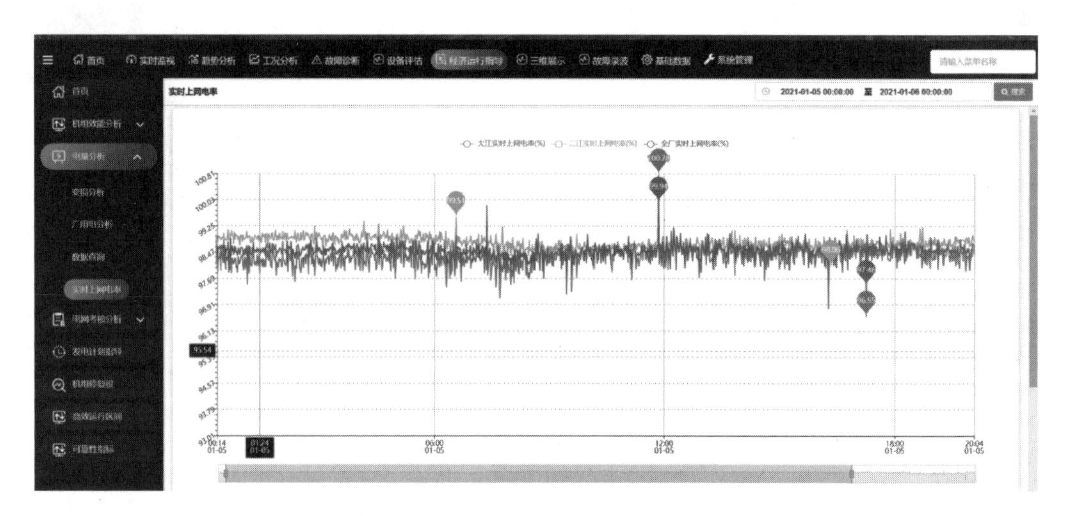

图 8－14　发电机组经济运行分析

电机组 A 级检修间隔 8～10 年，新机组第一次 A/B 级检修可根据制造厂要求、合同规定以及机组的具体情况决定。该水电站属于非多泥沙水电站，截至 2019 年 6 月已经运行了近 6 年，即将到规程规定的 A 修时间。为了评估该电站水轮发电机组的健康情况，给出该机组是否开展 A 修的检修决策，利用开发的水轮发电机组 AI－PHM 系统的状态评估功能，在发电机、水轮机、调速器、辅助设备等设备的机械方面对该机组开展了状态评估，其评估情况及结果见附录。

结合水轮发电机组 AI－PHM 系统评价及专家现场评价，认为该机组主要存在以下问题：

（1）各部导轴承瓦面及推力瓦面未做检测。机组已运行 6 年，在机组振动、摆度、温度等多种因素的影响下，瓦面有可能会出现缺陷。

（2）推力瓦温度在个别月份温度较高，说明推力油冷的冷却效果有下降的趋势。

（3）转子支臂、中心体、挡风板及重要结构件、螺栓等近 5 年未开展无损检测，且挡风板有漏风的情况。

（4）座环、水轮机叶片等有轻微空蚀问题。

（5）接力器推拉杆有轻微划伤，有轻微漏油问题。

（6）未开展导叶漏水量测试，无法掌握导叶漏水情况。

利用水轮发电机组 AI－PHM 系统的状态评估功能，该机组综合得分为 92.8725 分，结合专家现场评估，认为没有影响机组安全稳定运行的重大缺陷，各参数没有恶化的趋势，不构成该机组 A 修的必要条件，该机组不开展 A 修。该机组 2019—2020 年底及 2020—2021 年度均未开展 A 修，节省检修支出约 1000 万元，发电创造直接经济效益约 11880 万元。

第9章 PHM技术发展趋势

9.1 水轮发电机组PHM技术研究总结

在我国大力开发清洁能源以实现“碳达峰”“碳中和”的背景下，水力发电在电网中的比例日益增大，水轮发电机组将承担起更多的调峰、调频任务，其运行工况将变得越来越复杂，对水轮发电机组健康状态的评估、数智诊断以及故障预测越发重要。为探索新形势背景下水轮发电机组故障预测与健康管理新方法，本书总结归纳了当前研究的不足与难点，结合PHM理论与方法，首次构建了水轮发电机组AI－PHM结构体系，设计了健康状态评估体系及评价指标，并从状态评估方法、智能故障诊断及预测算法、检修决策方法和水轮发电机组PHM系统开发等几个方面进行了深入的探讨与分析。本书主要内容及相关成果如下：

（1）在水轮发电机组健康管理领域，首次引入PHM体系，构建了水轮发电机组AI－PHM体系结构。由于水轮发电机组结构复杂，对其健康状态的影响因素多，在故障预测和健康管理方面，尚未有一套完善的体系方法。因此，结合在航天和船舶领域广泛应用的PHM系统方法，在水力发电领域首次引入并构建了水轮发电机组AI－PHM体系结构，该体系结构采用开放式总线体系的分层推理结构，系统分为3层：最底层是分布在水轮发电机组各分系统中的硬件监测设备；中间层是AI－PHM处理中心；顶层是管理层，包括水轮发电机组检修保障管理平台及后方检修保障机构。本书所构建的水轮发电机组AI－PHM结构体系，为水轮发电机组故障预测和健康管理提供了新思路，对于实施状态检修、智慧诊断和故障预测具有重要的理论和实践意义。

（2）提出了基于FMECA－劣化度融合的状态评估方法，实现了水轮发电机组健康状态的定量和定性评价。传统对水轮发电机组健康状态的描述一般是“故障”或“正常”，而随着水轮发电机组设备技术和检修理论的发展，采用上述二值函数来描述水轮发电机组的健康状态已难以满足实际需求。针对上述问题，将水轮发电机组健康技术状态分为健康、良好、注意、异常和危险五级。基于此，构建了水轮发电机组健康状态评估体系及评价指标，提出了基于 FMECA -劣化度的水轮发电机组状态评估方法，实现了水轮发电机组健康状态的定量和定性评价。将所提的方法应用于某水轮机的状态评估中，计算结果表明，本书所提的基于 FMECA -劣化度的水轮发电机组状态评估方法能定量和定性评价机组健康状态，适用于水轮发电机组的状态评估，可以为检修策略的制定提供重要参考。

（3）构建了水轮发电机组健康状态评估体系及评价指标，介绍了故障诊断和预测算法，以贝叶斯网络算法为例，开展了水轮发电机组故障诊断和预测的研究。

近几年，水轮发电机组故障预测的相关研究不多，传统水轮发电机组故障预测主要是通过单参数的趋势分析实现，最近兴起的人工神经网络、支持向量机等算法，由于故障样本少，模型存在训练不充分的可能，使得预测效果不佳，无法满足工程实际需求。本书围绕工程实际需求，选择能很好处理不确定性问题的贝叶斯网络算法，构建了水轮发电机组贝叶斯网络模型。以水导轴承故障为例，计算了各根节点的先验概率和各中间节点的条件概率，查明了在本书约定的条件下，油是最可能引起水导瓦温过高的原因。结合贝叶斯网络具有处理不确定性问题的优势，探究了基于贝叶斯网络的水导轴承故障预测方法，定量推求水导轴承可能发生故障的概率。计算结果表明，基于贝叶斯网络的故障预测方法，具有很强的处理不确定性问题的能力，提高了水轮发电机组故障预测的准确性。

（4）基于水轮发电机组 AI - PHM 结构，开发设计了水轮发电机组 AI - PHM 应用系统，并得到了试点应用。目前国内外在水轮发电机组故障诊断方面开发了一些系统，但还普遍存在信息孤岛、故障预测准确度低及擅长单一参数分析而无法对机组整体健康状态开展评估等问题。针对上述问题和水力发电企业对状态检修落地的需求，本书基于对 PHM 的结构体系、状态评估体系及指标、数智诊断方法等方面的研究，结合人工智能算法，开发设计了水轮发电机组 AI - PHM 应用系统。该系统由数据采集层、大数据平台层、应用运行平台层和业务应用平台层四层结构组成，具有数据监测、数据分析、趋势分析、状态评估、数智诊断等功能，实现了水轮发电机组的健康管理。该系统已经在某电站得到了试点应用，为状态检修在水力发电企业的落地提供了有力科学支撑。

9.2 水轮发电机组 PHM 技术发展趋势

虽然 PHM 技术得到了一些研究机构的重视，构建了基本的理论、技术和应用研究体系，在军工航天领域得到了一定范围的应用，但其仍处于发展的初期，尤其是在水轮发电机组领域，在状态感知、故障诊断、故障预测等方面还有很多科学问题需要研究和解决，面临许多现实的技术挑战。

9.2.1　状态感知技术

传感器技术的发展为水轮发电机组的健康管理提供了比较充分的信息获取方式，但是目前感知的信息仍仅限于振动、摆度、温度等常规数据，对油膜厚度、轴瓦间隙、推力瓦磨损量、空化空蚀程度等还没有办法实现直接监测。因此，智能传感器的信息感知和信息融合技术将是 PHM 技术的基础性研究问题之一。

面向水轮发电机组的异常检测、趋势分析和剩余寿命预测等健康管理需求，实现高智能程度的 PHM 系统，最大的前提是系统状态高度自感知，从系统状态监测的理念上，实现从现有基于故障驱动重构逐步过渡到基于数据驱动自适应，未来系统状态感知能力需要达到的目标是：

（1）状态自感知、不确定性的量化和评估。

（2）基于个体系统的深度状态自感知，支撑机群的综合管理。

（3）现场/原位特性以支持突发状态的实时响应。

（4）支撑个体系统对于不同外部环境的特定响应。

（5）支持实时预测功能。

（6）状态自感知需要满足闭环实时控制的要求。

9.2.2　故障诊断和预测技术

由于水轮发电机组系统的复杂性、非线性和随机性，目前现有的各种诊断和预测算法，距离实际应用尚存在较大的差距和挑战。

（1）水轮发电机组系统性能变量难以准确获取和系统退化状态难以有效识别。水轮发电机组在实际运行中，受环境干扰、工况变换多等因素影响，系统状态数据不能准确获取，且获取的数据通常具有高噪声、不确定性强、高维、高冗余、样本容量小、样本不全等特点，导致系统性能变量提取结果误差较大，系统退化状态识别不准确。

（2）缺乏有效的非线性系统剩余寿命预测方法。由于水轮发电机组系统的复杂性，通常同时存在多个失效模式引起的多个性能退化过程，从而导致各性能退化过程相互关联和相互影响，这些问题都导致了系统剩余寿命预测模型建立困难。能够识别故障类型、复杂退化模式的寿命自适应预测方法是未来必须突破的核心问题。

（3）多重不确定性。由于水轮发电机组结构复杂，各部件工作机理不同，任何单一的方法都不能很好地解决机组系统剩余寿命预测的问题。考虑各方法的优势，将不同的方法集成起来各取所长，建立融合性的计算模型，探索具有普遍适用性的解决方法，是当前系统剩余寿命预测研究的必然趋势。不确定性理论，其理论基础，尤其是试验和验证、评估层面，尚需突破。

9.2.3 PHM标准化技术

水轮发电机组PHM标准化工作应作为研究的重点，标准化是实现从理论研究向应用研究转化的重要基础。目前，水轮发电机组PHM技术相关的标准还是空白，但是由于PHM技术实际上包含了数据采集、数据分析、状态评估、故障诊断等技术，这些技术领域的相关标准可供借鉴，以发展PHM技术的标准化研究工作。特别是现在水轮发电机组PHM技术还处于初步研究阶段，在这个阶段开始布局相关标准化研究，可以为后续顺利开展相关研究和应用提供必要的保证和条件。只有实现了标准化，才能确保后续的研究和应用工作顺利开展，并最大限度地减少系统设计可能出现的重复性工作和不兼容情况。PHM技术是在传统的故障诊断技术上发展起来的，与故障诊断技术在某些环节存在很大的重叠。因此，如何界定并扩展现有的测试和诊断标准以适应PHM技术的发展，是需要深入研究的课题。

9.2.4 系统集成技术

水轮发电机组PHM技术集成了数据采集、状态评估、故障诊断、故障预测等技术，上述系统可能是以单独的模块开发的，因此，PHM系统须将上述各个系统或模块集成到一个平台中，其中一个重点问题在于解决各个智能化子系统之间的互联性和互操作性问题。集成系统可否方便且灵活地接入各子系统，会给系统带来极大的适应性。随着智能化和集成化程度的不断提高，PHM技术必将是一个智能且复杂的人机协同系统。

问题与思考

1. 状态感知技术目前存在哪些问题？发展趋势是怎样的？
2. 水轮发电机组常用的故障诊断算法主要有哪些？简述各自的优缺点。
3. 简述水轮发电机组PHM技术的现状和发展趋势。

附录

典型水轮发电机组健康状态评价指标

序号	部件	评价内容	评价标准
1	发电机		
1.1	上导轴承	轴承外观检查	1. 外观检查完好，油槽无甩油、无渗油情况
			2. 各部位螺栓检查无松动现象
			3. 各部位密封完好，无老化。更换时间少于5年得100分，5～10年50分，多于10年得0分
		上导冷却系统检查	1. 冷却水管法兰螺栓无松动，法兰密封无渗漏，无老化。更换时间少于5年得100分，5～10年50分，多于10年得0分
			2. 冷却水压力正常，冷却水工作压力0.2～0.5MPa
			3. 冷却器及管路接头无渗漏，管路无堵塞，冷却水流量正常，流量大于25L/min
			4. 查询近年检修报告，耐压试验合格，试验压力为1.25倍实际工作压力，保持30min，无渗漏现象
		油质化验	油质色泽正常，无乳化，油质各项指标化验合格，符合《汽轮机油》(GB 2537—81) 规范要求
		上导轴承摆度	1. 检查近次检修记录，瓦面无异常缺陷，导瓦间隙符合要求。导瓦总间隙0.30mm，设计值单边0.14～0.17mm
			2. 上导轴承摆度小于248μm，3年内上升值不大于100μm
			3. 上导轴承摆度大于248μm得0分，150～248μm得50分，小于150μm得100分
		上导轴承温度	1. 轴瓦温度符合设计要求，各块瓦温温差符合规程要求，额定工况下无瓦温持续上升情况。上导瓦温小于70℃，3年内同期温度变化不大于5℃
			2. 距上次机组检修期间未发生轴瓦温度超标引起的事故停机，任意三块瓦温同时超过75℃
			3. 上导轴承温度小于50℃得100分、50～60℃得50分、大于60℃以上得0分
		油温油位	轴承油位及油温在规定范围内。油温小于50℃，油位 (475±35)mm

续表

序号	部件	评价内容	评 价 标 准
1.2	下导轴承	轴承外观检查	1. 外观检查完好，油槽无甩油、无渗油情况
			2. 各部位螺栓检查无松动
			3. 各部位密封完好，无老化。更换时间少于5年得100分，5～10年50分，多于10年得0分
		下导冷却系统检查	1. 冷却水管法兰螺栓无松动，法兰密封无渗漏，无老化。更换时间少于5年得100分，5～10年50分，多于10年得0分
			2. 冷却水压力正常，冷却水工作压力0.2～0.5MPa
			3. 冷却器及管路接头无渗漏，管路无堵塞，冷却水流量正常，流量：100～130m^3/h（含推力）
			4. 查询近年检修报告，耐压试验正常，试验压力为1.25倍实际工作压力，保持30min，无渗漏现象
		油质化验	色泽正常，无乳化，油质各项指标化验合格，符合《汽轮机油》（GB 2537—81）规范要求
		下导轴承摆度	1. 检查近次检修记录，瓦面无异常缺陷，导瓦间隙符合要求。导瓦总间隙0.70mm，设计值（0.70±0.04）mm
			2. 下导轴承摆度小于450μm，三年内上升值不大于100μm
			3. 下导轴承摆度大于450μm得0分，300～450μm得50分，小于300μm得100分
		下导轴承温度	1. 轴瓦温度符合设计要求，各块瓦温温差符合规程要求，额定工况下无瓦温持续上升情况。下导瓦温小于70℃，3年内同期温度变化不大于5℃
			2. 距上次机组检修期间未发生轴瓦温度超标引起的事故停机。任意三块瓦温同时超过75℃
			3. 下导轴承温度小于50℃得100分、50～60℃得50分、大于60℃以上得0分
		油温油位	轴承油位及油温在规定范围内。油温小于50℃，油位（450±35)mm
1.3	推力轴承	推力轴承外观检查	1. 推力轴承无损伤，油槽无甩油、无渗油情况
			2. 各部位密封完好，无老化。更换时间少于5年得100分，5～10年50分，多于10年得0分
		推力冷却系统检查	1. 推力冷却器外观完好、密封渗漏，各部螺栓紧固无松动
			2. 推力冷却器镜板泵循环系统运行良好无异常，满足冷却要求
			3. 油冷却器及冷却水管无渗漏，近次检修检查冷却器水管无堵塞，流量正常。流量：100～130m^3/h（含下导）
			4. 查近次检修报告，冷却器耐压试验合格，试验压力为1.25倍实际工作压力，保持30min，无渗漏现象

续表

序号	部件	评价内容	评　价　标　准
1.3	推力轴承	推力冷却系统检查	5. 冷却器运行10年以下得100分，10～15年得50分，超出涉及年限或15年以上得0分
			6. 冷却水压力正常。冷却水工作压力0.2～0.5MPa
		油质化验	油质色泽正常，无乳化，油质各项指标化验合格，符合《汽轮机油》（GB 2537—81）规范要求
		油温油位	轴承油位及油温在规定范围内。油温小于50℃，油位（450±35)mm
		弹性油箱	查近年检修报告，各弹性油箱压缩量偏差不应大于0.15mm（具体标准和出处是哪里），油箱无渗漏
		推力轴承温度	1. 推力瓦温小于75℃，3年内同期温度变化不大于5℃（具体标准和出处是哪里）
			2. 距上次机组检修期间未发生轴瓦温度超标引起的事故停机。任意三块瓦温同时超过80℃
			3. 推力瓦温小于70℃以下得100分、70～75℃得50分、大于75℃得0分
		推力瓦	抽检应无裂纹、脱层、毛刺等缺陷
		高压油顶起装置	1. 高压油泵进口、出口滤芯清扫干净无破损；联轴器检查无破损；开停机时，油泵压力稳定，正常运行压力7MPa，油泵滤油器无堵塞报警0.35MPa
			2. 电机外观无损伤，接线头无裸露，运行声音正常，无异常振动及焦味；运行时电流稳定
			3. 阀门无卡涩和堵塞，管路无渗漏，运行中压力稳定
1.4	定、转子机械部分	转子机械部分	1. 转子中心体、扇形体、支臂等结构焊缝外观检查应完好无开裂，焊缝应完好无开裂，配重块焊缝无裂纹。近次检修焊缝PT、UT检查无异常
			2. 磁极、磁轭键等无变形、松动，键头无断裂。磁极键、磁轭键、磁轭等拉紧螺栓紧固及点焊良好，螺栓探伤无缺陷
			3. 上、下旋转挡风板无变形及裂纹，螺栓无松动
			4. 中心体和支臂组合面间隙符合规范要求，各组合面的销钉，螺栓点焊无开焊
			5. 联轴螺栓拉伸值满足规范要求，联轴螺栓及销钉无松动，螺帽点焊无开焊，螺栓探伤无缺陷
			6. 静态空气间隙符合要求，各间隙与平均值之差不大于±8%，设计间隙为27.5mm
			7. 转子圆度满足规范要求

续表

序号	部件	评价内容	评 价 标 准
1.4	定、转子机械部分	定子机械部分	1. 定子基础螺栓紧固、组合螺栓，销钉无松动，合缝处无铁锈状红粉
			2. 检查齿压板和拉紧螺杆，点焊处无开裂，压齿无位移、断裂现象
			3. 定子密封板绑扎牢固、无断线，橡胶块无破损
			4. 定子分瓣的合缝间隙检查：用 0.05mm 塞尺检查，在螺栓周围不应通过；基座与基础板应用 0.05mm 塞尺检查不能通过，允许有局部间隙，不应大于 0.1mm，深度不应超过组合面宽度的 1/3，总长不应超过周长的 20%
			5. 定子铁芯无松动，定子圆度符合规范要求
		定子机座及铁芯振动	1. 定子铁芯振动小于 30μm 得 100 分，30～80μm 得 50 分，大于 80μm 得 0 分
			2. 定子机座振动小于 60μm 得 100 分，60～100μm 得 50 分，大于 100μm 得 0 分
		空气冷却器	1. 查询近年检修报告，冷却器耐压试验，1.0MPa，60min 无渗漏
			2. 空气冷却器挂装紧固，工作正常，螺栓无松动
			3. 空冷器及管路接头无渗漏
			4. 空冷器运行少于 10 年得 100 分，10～15 年得 50 分，多于 15 年得 0 分
			5. 冷风温度低于 45℃，热风温度低于 70℃
			6. 冷却水工作压力 0.2～0.5MPa
1.5	上下机架	上、下机架检查	1. 各部销钉、螺栓无松动、蹿位，结构焊缝完好无开裂，近次检修地脚螺栓、焊缝 PT、UT 检查无异常
			2. 上机架千斤顶剪断销未剪断
		上、下机架振动值	上下机架振动值符合规范要求：水平振动小于 60μm 得 100 分，60～100μm 得 50 分，大于 100μm 得 0 分；垂直振动小于 50μm 得 100 分，50～80μm 得 50 分，超过 80μm 得 0 分
1.6	粉尘收集系统	风闸粉尘吸收系统	1. 系统正常，无异常振动，无异常声响，无过多粉尘堆积现象
			2. 螺栓紧固良好，粉尘吸收管无破损
			3. 粉尘吸收装置运行正常，无异响
1.7	机械制动系统	机械制动系统	1. 风闸动作灵活，制动系统闸板与抗磨板间隙 不超过设计值（10mm）的±20%
			2. 磨损量不超过闸板厚度的 1/2
			3. 查询近年检修报告，单个风闸耐压试验，27MPa，30min，压降不大于 3%
			4. 制动环无过热烧损现象、无变形、无裂纹及毛刺，螺杆头凹入制动环表面内深度在 3mm 以上，制动环接缝处的错牙不得大于 1mm
			5. 风闸各投退气管无漏气，顶起油管路无渗漏

续表

序号	部件	评价内容	评　价　标　准
1.8	发电机轴	大轴及联轴螺栓	1. 主轴外观完好无变形，探伤合格，无裂纹等缺陷
			2. 各部轴领无磨损
			3. 各分段轴连接螺栓拉伸值满足要求，螺栓点焊无裂纹开裂，螺栓探伤合格
			4. 查近次机组检修记录，机组轴线满足规范要求
2	水轮机		
2.1	导水机构	活动导叶	1. 测量活动导叶上、下端面间隙（0.8～1.0mm）、立面间隙（无油压下不大于0.2mm，有油压下不大于0.1mm）符合要求
			2. 活动导叶端面、立面密封良好
			3. 导叶中轴套无漏水
		拐臂、连板、连接板	外观检查无损伤，连接完好
		剪断销	无断裂、无报警信号
		控制环	1. 外观检查无变形或损伤，与接力器连接牢固
			2. 抗磨板磨损量未超标，无异响，无卡涩
			3. 控制环指针转动灵活，工作正常
			4. 控制环锁定动作正常，无渗漏
2.2	水导轴承	水导油冷却系统	1. 外观检查完好，油槽无甩油、无渗油情况
			2. 各部位螺栓检查无松动现象
			3. 各部位密封完好，无老化。更换时间少于5年得100分，5～10年得50分，多于10年得0分
			4. 冷却器运行10年以下得100分，10～15年得50分，15年以上得0分
			5. 冷却水压力正常，冷却水工作压力0.2～0.4MPa
			6. 查询近年检修报告，冷却器耐压试验正常，试验压力为1.25倍实际工作压力，保持30min，无渗漏现象
		油质化验	油质色泽正常，无乳化，油质各项指标化验合格，符合《汽轮机油》（GB 2537—81）规范要求
		水导轴承油温、油位	轴承油位及油温在规定范围内。油温小于60℃，油位（410±35)mm
		水导轴承摆度	1. 水导轴承摆度小于375μm，3年内上升值不大于100μm
			2. 水导轴承摆度大于375μm得0分，250～375μm得50分，小于250μm得100分
		水导轴承瓦温	1. 轴瓦温度符合设计要求，各块瓦温温差符合规程要求，额定工况下无瓦温持续上升情况。水导瓦温小于65℃，3年内同期温度变化不大于5℃

续表

序号	部件	评价内容	评 价 标 准
2.2	水导轴承	水导轴承瓦温	2. 距上次机组检修期间未发生轴瓦温度超标引起的事故停机。任意三块瓦温同时超过70℃
			3. 小于55℃得100分、55～65℃得50分、大于65℃得0分
		水导瓦	检查近次检修记录，瓦面无异常缺陷，导瓦间隙符合要求。导瓦总间隙0.55mm，设计值0.60mm
2.3	补气系统	大轴补气阀	1. 各部位螺栓无松动和断裂，无异常声音和振动，密封件无磨损，密封可靠
			2. 动作试验合格、无卡涩，动作压力和最大开度值符合设计要求
			3. 运行过程中动作正常，弹簧满足动作要求，复归正常
2.4	顶盖排水系统	顶盖排水泵	1. 顶盖排水泵外观检查无损伤，未到使用寿命周期，运行正常，效率满足要求
			2. 各部位管路接头无渗漏，逆止阀动作正常
		自流排水	自流排水正常，顶盖无积水
		顶盖排水泵电机	1. 电机外观无损伤，接线头无裸露
			2. 电机绝缘合格，电流电压正常
2.5	过流部件	蜗壳及尾水管	蜗壳、尾水管外观检查无漏水，无堵塞，量测管路压力表指示正常
		顶盖振动	1. 顶盖水平振动小于90μm，3年内上升值不大于40μm；顶盖垂直振动小于110μm，3年内上升值不大于40μm
			2. 顶盖水平振动值在70μm以上得0分，40～70μm得50分，40μm以下得100分；垂直振动值在90μm以上得0分，60～90μm得50分，60μm以下得100分
		顶盖压力脉动	1. 外观检查无漏水，无堵塞，压力表指示正常
			2. 各部位压力脉动小于85kPa，3年内上升值小于6kPa
			3. 各部位压力脉动在85kPa以上得0分，65～85kPa得50分，60kPa以下得100分
		顶盖密封	1. 顶盖与底环抗磨板，密封环无气蚀磨损
			2. 密封使用少于10年得100分，10～15年得50分，多于15年得0分
		顶盖螺栓	1. 检查螺栓紧固良好
			2. 螺栓使用30年以下得100分，30～50年得50分，50年以上得0分
			3. 检查最近检修报告，螺栓探伤无异常（或抽检无异常）
		尾水锥管	尾水锥管无明显空蚀及磨损现象
		固定导叶、座环、底环	固定导叶、座环、底环外观检查无气蚀及磨损

续表

序号	部件	评价内容	评 价 标 准
2.5	过流部件	尾水压力脉动	1. 外观检查无漏水，无堵塞，压力表指示正常
			2. 各部位压力脉动小于85kPa，3年内上升值为6kPa
			3. 各部位压力脉动在85kPa以上得0分，65～85kPa得50分，60kPa以下得100分
		尾水及蜗壳进人门	1. 外观检查无变形，损伤，无损抽检焊缝无裂纹
			2. 连接螺栓无松动、折断
			3. 密封无损伤，无渗漏
		转轮	1. 转轮体、泄水锥，叶片探伤检查有无气蚀及裂纹
			2. 转轮上下止漏环间隙符合要求[上止漏环间隙为(2.45+0.45)mm，下止漏环单侧间隙(2.8+0.4)mm]
		蜗壳尾水盘型阀	1. 油缸活塞动作正常，无渗漏
			2. 盘型阀无堵塞，密封性良好
2.6	主轴密封	主轴密封磨损量	1. 主轴密封磨损量小于8mm得100分，大于8mm得0分
			2. 各部位螺栓无松动，弹簧弹性满足要求
			3. 主轴密封管路完好，通水正常，流量大于150L/min，压力大于0.06MPa，无堵塞，无因漏水量引起顶盖水位上升过快问题
		主轴密封供水装置	1. 管道无堵塞，焊缝无裂纹
			2. 各部阀门动作灵活，管路上各阀门无渗漏
			3. 各处法兰连接面、管接头处无渗漏
			4. 主轴密封块温度正常
			5. 过滤器流量、进出口压力正常
		空气围带	空气围带无漏气，无老化少于10年得100分，10～15年得50分，多于15年得0分
2.7	水轮机轴	水轮机轴	1. 主轴外观完好无变形，探伤合格，无裂纹等缺陷
			2. 各部轴领无磨损
		转轮联结螺栓	转轮联结螺栓拉伸值满足要求，螺栓点焊无裂纹开裂，螺栓探伤合格
3	调速器		
3.1	压油装置及调速器	事故油罐、压力油罐、气罐	1. 焊缝探伤检查无异常，螺栓紧固良好无松动
			2. 油罐、气罐及管路各部接头无渗漏
			3. 安全阀、变送器校验合格，压力表示数介于6.0MPa和6.3MPa之间
		压油装置组合阀	1. 组合阀外观检查无异常，无破损，无积油
			2. 螺栓紧固良好，无松动
			3. 组合阀各部位无渗漏
			4. 安全阀开启压力6.4MPa，全开压力6.8MPa，关闭压力6.1MPa，组合阀、卸载阀、安全阀动作灵活、准确

续表

序号	部件	评价内容	评价标准
3.1	压油装置及调速器	主配压阀及手操机构	1. 外观检查良好，螺栓紧固良好
			2. 各动作顺畅，主配无渗漏
			3. 各部位无渗漏，且动作灵活、准确
		压油泵及电机	1. 压油泵进口、出口滤芯清扫干净无破损
			2. 电机外观无损伤，接线头无裸露，运行声音正常，无异常振动及焦味
			3. 空载与打油切换声音正常，打油时间在10s左右
			4. 联轴器检查无破损
		压油泵启动间隔	压油泵启动间隔10min以下得0分，10～15min得50分，15min以上得100分
		自动补气装置	1. 补气装置动作灵活，自动补气时声音正常
			2. 管路及各部位接头连接无松动，无渗漏
		油质化验	色泽正常，无乳化，油质化验合格
		机械过速装置	机械过速装置动作灵活、准确、无卡塞
		过速试验	验证机械过速保护正确动作
		集油箱	油温正常，油位250～770mm
3.2	接力器	接力器推力杆	1. 推拉杆无划痕毛刺，接力器水平度0.10mm/m，高程差不大于0.5mm
			2. 压紧行程5～8mm
			3. 接力器密封完好无老化少于10年得100分，10～15年得50分，多于15年得0分
		接力器检查	各管路、法兰无渗漏
3.3	导叶开关机时间	导叶开机时间	导叶从0%开到100%，时间为11.8s
		导叶开机时间	导叶从100%开到0%，时间为13.7s
3.4	事故配压阀动作时间	事故配压阀动作时间	查询近年检修报告，事故配压阀动作后，灵活不发卡，导叶从100%到0%，时间为13.8s
		事故低油压试验	事故低油压正确可靠动作

参 考 文 献

[1] 周林，赵杰，等．装备故障预测与健康管理技术［M］．北京：国防工业出版社，2015.

[2] 邵新杰，曹立军，等．复杂装备故障预测与健康管理技术［M］．北京：国防工业出版社，2013.

[3] 雷亚国．混合智能技术及其在故障诊断中的应用研究［D］．西安：西安交通大学，2007.

[4] 朱文龙．水轮发电机组故障诊断及预测与状态评估方法研究［D］．武汉：华中科技大学，2016.

[5] 潘罗平．基于健康评估和劣化趋势预测的水电机组故障诊断系统研究［D］．北京：中国水利水电科学研究院，2013.

[6] 曲力涛，潘罗平，曹登峰，郑云峰．基于振动能量趋势预测和K均值聚类的水电机组故障预警方法研究［J］．水力发电，2019，45（5）：98-102.

[7] 姜伟．水电机组混合智能故障诊断与状态趋势预测方法研究［D］．武汉：华中科技大学，2019.

[8] 李俭川．贝叶斯网络故障诊断与维修决策方法及应用研究［D］．长沙：中国人民解放军国防科学技术大学，2002.

[9] 赵帅．基于数据驱动的设备剩余寿命预测关键技术研究［D］．西安：西北工业大学，2018.

[10] 严新平，杨琨．可监测性与数字诊断技术［M］．武汉：武汉理工大学出版社，2018.

[11] 刘涵．水电机组多源信息故障诊断及状态趋势预测方法研究［D］．武汉：华中科技大学，2019.

[12] 肖剑．水电机组状态评估及智能诊断方法研究［D］．武汉：华中科技大学，2014.

[13] 潘罗平，安学利，周叶．基于大数据的多维度水电机组健康评估与诊断［J］．水利学报，2018，49（9）：1178-1186.

[14] 韦来生．贝叶斯统计［M］．北京：高等教育出版社，2016.

[15] 陈希孺．概率论与数理统计［M］．合肥：中国科学技术大学出版社，2009.

[16] 肖秦琨．贝叶斯网络在智能信息处理中的应用［M］．北京：国防工业出版社，2012.

[17] 王其昂．基于贝叶斯网络的结构系统可靠性评估方法［M］．北京：中国矿业大学出版社，2018.

[18] 郑源．水力机组状态监测与故障诊断［M］．北京：中国水利水电出版社，2016.

[19] 徐平，郝旺身．振动信号处理与数据分析［M］．北京：科学出版社，2020.

[20] 郑阳，陈启卷，张海库，闫慬林，刘宛莹．水电机组明满流尾水系统电路等效建模及超低频振荡仿真分析［J/OL］．中国电机工程学报：1-13［2021-06-03］．https：//doi.org/10.13334/j.0258-8013.pcsee.201972.

[21] 彭涛，张海库，陈启卷，程远楚，麦先春，熊中浩．基于消能坎技术的水轮发电机尾水系统超低频振荡抑制方法研究［J］．水力发电，2019，45（11）：84-88.

［22］ 李辉，范智超，李华，白亮，贾嵘，罗兴锜．基于 SVD 和 DBN 的水电机组故障诊断［J］．水力发电学报，2020，39（12）：104－112.

［23］ 胡晓，肖志怀，刘东，蒋文君，刘冬，袁喜来．基于 VMD－CNN 的水电机组故障诊断［J］．水电能源科学，2020，38（8）：137－141.

［24］ 程加堂，段志梅，熊燕．QAPSO－BP 算法及其在水电机组振动故障诊断中的应用［J］．振动与冲击，2015，34（23）：177－181，201.

［25］ 马宁，吕琛．飞机故障预测与健康管理框架研究［J］．华中科技大学学报（自然科学版），2009，37（S1）：207－209.

［26］ 李冲，张安，毕文豪．基于 PHM 的作战飞机可用度和任务可靠度计算［J］．兵工自动化，2013，32（9）：5.

［27］ 刘瑞，马麟，康锐，邹莹芝．基于 PHM 的航空装备可用度影响因素分析方法［J］．北京航空航天大学学报，2011，37（10）：1238－1244.

［28］ 毛德耀，周栋，文培乾，吕川．基于 PHM 的军机备件配置机制［J］．北京航空航天大学学报，2011，37（9）：1160－1164.

［29］ 陈俊洵．基于 EEMD－马田系统的机械设备关键部件健康管理研究［D］．南京：南京理工大学，2018.

［30］ 时旺，孙宇锋，王自力，赵广燕．PHM 系统及其故障预测模型研究［J］．火力与指挥控制，2009，34（10）：29－32，35.

［31］ 赵兵，夏良华，满强，等．设备健康管理系统的设计与实现［J］．计算机测量与控制，2010（5）：1024－1026.

［32］ 许丽佳，王厚军，龙兵，故障组合预测模型研究［J］．电子测量与仪器学报，2007（5）：6－10.

［33］ 顾伟，章卫国，刘小雄，宁东方．一种执行机构故障的健康监控方法研究［J］．机械与电子，2010（3）：43－45.

［34］ 袁志坚，孙才新，袁张渝，李剑，廖瑞金．变压器健康状态评估的灰色聚类决策方法［J］．重庆大学学报（自然科学版），2005（3）：22－25.

［35］ 董玉亮，苏烨，王浩，宋莹，顾煜炯．基于正交局部保持投影与自组织映射的汽动给水泵组健康衰退评价［J］．动力工程学报，2015，35（8）：639－645.

［36］ 郭阳明，蔡小斌，张宝珍，翟正军．故障预测与健康状态管理技术综述［J］．计算机测量与控制，2008（9）：1213－1216，1219.